愿你的青春不负时光，孤独不负梦想

邱洪◎编著

国家一级出版社 中国纺织出版社 全国百佳图书出版单位

内 容 提 要

青春每一段路都有磕磕碰碰，有哭有笑，但只要不忘初心，耐得住孤独，努力过，尝试过，就是不负好时光。那些自以为的残酷青春，都会成为最闪亮的日子。

本书以温情的文字娓娓道出对青春的感悟，关于梦想、成长、努力等各方面的经历和感受，引导你更好地度过青葱岁月，在经历青春的激扬之后，乐观且坚强，温暖而有力量。

图书在版编目（CIP）数据

愿你的青春不负时光，孤独不负梦想 / 邱洪编著. --北京：中国纺织出版社，2019.6（2023.5重印）
ISBN 978-7-5180-6011-5

Ⅰ.①愿… Ⅱ.①邱… Ⅲ.①成功心理—青年读物 Ⅳ.①B848.4-49

中国版本图书馆CIP数据核字（2019）第050139号

责任编辑：闫 星　特约编辑：王佳新　责任印制：储志伟

中国纺织出版社出版发行
地址：北京市朝阳区百子湾东里A407号楼　邮政编码：100124
销售电话：010—67004422　传真：010—87155801
http：//www.c-textilep.com
E-mail：faxing@c-textilep.com
中国纺织出版社天猫旗舰店
官方微博http://weibo.com/2119887771
永清县晔盛亚胶印有限公司印刷　各地新华书店经销
2019年6月第1版　2023年5月第3次印刷
开本：880×1230　1/32　印张：6
字数：180千字　定价：48.00元

前言

高尔基说："世界上没有再比青春更美好的了，没有再比青春更珍贵的了。青春就像黄金，你想做成什么，就可以做成什么。"一生最好是青春。那么，正处于人生芳华的你，现在过上你想要的生活了吗？对当下的生活还满意吗？你理想的生活状态又是什么？你希望拥有数十年如一日的机械式生活吗？你希望拥有一个崭新的人生吗？

青春只有一次，虽然有太多做不完解不开的题，虽然这个年纪生涩稚嫩，但谁又会想要白白浪费、辜负这一段美好时光？在青春这段美好的岁月里，你经历的最好时光是什么？有人咬牙坚持学习，在寂静的夜晚和朦胧的晨曦，拼尽全力赢得了成功，那一段寂寞的时光成为记忆中的闪亮日子；有人坚持运动，在绿茵场上挥汗如雨，让自己以最好的面貌迎接未来，那些奔跑的脚印便是记忆里最好的青春；有人执着于兴趣爱好，在别人的怀疑声中坚持自我，最终在某个领域里脱颖而出，那些独孤的日子便是最好的青春。青春只有一次不会重来，那些洋溢着青春朝气的脸，浑身使不完的劲儿，让每一个日子都弥足珍贵。青春不负时光，孤独不负梦想，哪怕有遗憾，那也是最珍贵的青春。

热爱你的青春岁月，哪怕是爱好，也要坚持下去，即便不能成为未来的职业，也可以填补以后岁月的留白；想要与众不同，就应该快速成长，超越同龄人的水平，把事情做到极致，从小事做起，注重细节，锻炼能力；或许你现在不甘于现状，但谁的成功都不是一蹴而就的，历经岁月的磨炼之后，你才会迎来最美好的明天；重新审视自我，扬长避短，利用自己的优势，发挥最大的潜力，选择一条适合自己的路，坚持到底；不管岁月给予我们什么，都要怀揣最初的梦想，时刻修正自我，扬起风帆，一路向前。

青春，那段独一无二的时光，如一瓶珍藏的美酒，纵然加白驹过隙，依然绽放光芒。时光不辜负你的努力，青春不辜负自己，孤独不负梦想，希望你的努力能够通过时间得以证明，希望你的青春能够不消沉，因为你的努力将会让你的青春熠熠生辉。

编著者

2018年1月

目录

第01章

在努力的路上，保持自信也别忘谦逊

命运从来都是掌握在自己手中的，任何的抱怨都是一种懦弱的表现，只有努力，才是人生应有的态度。在努力的路上，应保持自信，但也要不忘谦虚，提升自我的人格教养，常怀一颗平常心，高调做事，低调做人。

坚定内心，成就辉煌人生

背井离乡在大城市生活的人，每当夜幕降临的时刻，看着道路上的车水马龙，看着窗户中透露出的万家灯火，内心深处一定有着深深的感慨和感叹。的确，大城市生活不易，尤其是对于毫无根基和背景的年轻人而言，在大城市独自奋斗，更是艰难。然而，对于每一个年轻人而言，梦想总是在远方。我们要想成就非凡，就必须执着地追求属于自己的梦想，这样我们的人生才能出类拔萃。

毫无疑问，当生活遭遇坎坷挫折的时候，当人生遇到困境无法摆脱的时候，我们难免会因为各种各样的问题感到沮丧绝望。殊不知，人生是需要超越的，我们唯有充满信心，才能最大限度地发挥自身的潜力，实现人生的梦想。自信，是人生获得成功必不可少的品质，没有信心作为支撑，在漫长坎坷的人生路上，我们如何能够实现人生的梦想呢？所以朋友们，不管何时，我们都要坚信自己是出类拔萃的，也一定能够获得成功。

作为世界上大名鼎鼎的交响乐指挥家，小泽征尔是非常自信的，而且能够不畏权势，在诸多专家和权威面前，始终坚持自己的意见。有一次，小泽征尔过五关斩六将，获得了参加世界优秀指挥家大赛决赛的资格。在演奏的时候，他按照大赛委员会给出的乐谱进行指挥。然而，演奏进行到一半的时候，小泽征尔敏感地听到了不和谐的音符。为此，他当即停止演奏，决定重新开始。再次演奏之后，当演奏到一半时，在相同的位置，小泽征尔再次听到刺耳的音符。如果说第一次出现错误，可能是乐队出错了，那么第二次出现错误，他很肯定是乐谱有问题。为此，他当即向大赛委员会反映，出乎他的预料，那些评委和专家连看都不看乐谱，就说他肯定搞错了，因为乐谱是绝对没有错误的。小泽征尔坚信自己的判断是正确的，尽管他的提议几次被否定，他依然坚持己见，最终斩钉截铁地说："不！我没有错，肯定是乐谱错了！"没想到，他刚刚说完这句话，那些评委专家就全都站起身来，庆祝小泽征尔在这次比赛中夺得了冠军。

原来，乐谱上的错误是评委们特意设计的"陷阱"，目的就在于检验指挥家在指挥过程中如果发现乐谱上的错误，能否坚持自己的正确观点，从而指出乐谱错误，并且不屈从于权威人士。在参加比赛的过程中，尽管其他决赛选手也发现了乐谱的错误，但是面对权威们的一致反对，他们没有坚持自己的意见，而且屈从于权威的观点，导致最终被淘汰。小泽征尔则恰恰相反，面对诸多评委和权威专家的一致反对，他却始终坚持自己的意见，并且毫不畏惧地指出乐谱的错误。所以，他才能在世界优秀指挥家大赛上赢得冠军，这也真正代表了他的实力。

朋友们，任何时候，我们都要对自己满怀信心。我们唯有相信自己，才能最大限度发挥出自己的能力，才能在有异议的时候坚持己见，从而最终不断提升和完善自己，使自己真正成长和成熟起来。不管沧海桑田如何变幻，也不管我们是否孤身一人，只要我们内心坚强，就能够找到自己内心的依靠，从而找到精神上的支柱，不断地给自己加油鼓劲，成就辉煌灿烂的人生。

自信，强大的精神动力

在生活中，许多人对自己缺乏自信，当他们去做一件事情的时候，总是担忧地说："我觉得这件事不可能做到。"其实，他们在质疑这件事的难度的同时无疑也是在否定自己的能力。

当一件事情还没有开始的时候，就先否定了自己，到最后，那些本可以成功的事情就真的变成了不可能。信心是一切成功的保证，只要你相信自己，那么，就没有什么不可能。

1900年，著名教授普朗克和儿子在花园里散步，他看起来神情沮丧，遗憾地对儿子说："孩子，十分遗憾，今天有个发现，它和牛顿的发现同样重要。"原来，他提出了量子力学假设以及普朗克公式，但是，由于他一直很崇拜牛顿理论并虔诚地将其奉为权威，而自己的发现将打破这一完美理论，他有些怀疑自己的判断，最终宣布取消自己的假设。

不久之后，25岁的爱因斯坦大胆假设，他赞赏普朗克假设并向纵深处引申，提出了光量子理论，奠定了量子力学的基础。随后，爱因斯坦又突破了牛顿绝对时空理论，创立了震惊世界的相对论，并一举成名。

不自信常常会使我们失去成功的机会，或者让我们放慢前进的脚步。普朗克由于对自己缺乏自信，使整个物理理论的发展停滞了几十年。所以，任何时候，都要相信自己，不要怀疑自己，而要努力、勇敢地证明自己，这样我们才有可能站在成功的顶峰。

从前，有一个美国青年，他个子很矮，内心很自卑，30多岁依然一事无成，整天坐在公园里唉声叹气。一天，好朋友找到他，兴高采烈地对他说："我告诉你一个好消息！"他不相信，没好气地说道："我哪有什么好消息！"朋友高兴地说："真的是好消息，我看到一份杂志，里面有一篇文章，讲的是拿破仑有一个私生子流落到美国，这个私生子又生了一个儿子，他的全部特点跟你一样：个子矮矮的，讲的是一口带有法国口音的英语……"他半信半疑："真的是这样吗？"但是，他不敢相信这是事实，可是，当他拿起那本杂志琢磨了半天后，他终于相信了自己就是拿破仑的孙子。

这一发现让他完全改变了自己的内心，以前，他老觉得自己个子矮小，非常自卑，现在，他开始欣赏自己的这一特点，他心想：矮个子有什么不好！我爷爷就是靠这个形象指挥千军万马的；以前，他觉得自己的英语讲得不好，像个乡巴佬一样，但是现在，他为自己拥有带法国口音的英语而自豪。

他变得无比自信起来，每当遇到困难的时候，他就对自己说："在拿破仑的字典里是没有'难'字的。"就这样，他一直相信自己就是拿破仑的孙子，他克服了一个又一个的困难，三年之后他成为了一家大公司的董事长。后来，他请人去调查自己的身世，发现自己其实并不是拿破仑的孙子，但是，他这样说："现在我是不是拿破仑的孙子，已经不重要了，重要的是我懂得了一个成功的秘诀：人生不能没有自信。"

当这位自卑的青年受到某种刺激的时候，他的自信心也被激发了，于是，他开始振作，并开始努力实现自己的人生目标。艺术大师徐悲鸿曾说："人不可有自负，但不可无自信。"如果这位美国青年还是那样自卑，或许，他到现在还是一事无成。

一个自信心很强的人，他会相信自己的力量，无论什么样的困难与挫折都不能阻挡他前进的步伐，从而赢得成功。相反，一个对自己缺乏自信的人，他看不到自己的力量，看不到自己的优点与长处，在追逐成功的过程中，他失去了克服困难的信心和勇气，最终，他只能面对失败，与成功失之交臂。

在生活中，有许多身有残疾或者处于逆境中的人，他们之所以能取得旁人难以想象、难以达到的成就，就是因为他们有一股强大的精神动力——自信心。人生需要有自信心，永远不放弃，坚定地走下去，那就没有什么不可能。

成功阻挡骄傲自负的人

"虚心使人进步，骄傲使人落后"，这句话三岁的小孩子都会说，意思也很好理解，从字面上一看便知。然而，这样再普通不过的道理，生活中能够按照它去做的人没有几个，大多数人都只是说一说，从来没有想过把它当作一种指导，一种指引我们行为方向的指南针。骄兵必败，自古便是如此，国内外这样的例子是数不胜数，曾经雄霸一时的拿破仑兵败滑铁卢，楚霸王项羽自刎于乌江，都是在用血的例子来验证这句话的正确性。正所谓"成由勤俭败由奢，骄傲自满必翻车"，即使你曾经有过辉煌的成功史，也不要轻易骄傲，争取取得下一次的成功。因此，那些自负的人，如果你曾经失败了，那么这很正常。

曾经听过这样一个故事，很有启发，无论你多么强大，多么成功，只要心中被骄傲占据，那么，你最终都会失败。

从前有一个农夫，他的地在一片芦苇地的旁边。那芦苇地里常常有野兽出没，他担心自己的庄稼被野兽毁坏了，就总是拿着弓箭到庄稼地和芦苇地交界的地方去来回巡视。

这一天，农夫又来到田边看护庄稼。一天下来，没有什么事情发生，平平安安地到了黄昏时分。农夫见还安全，又感到确实有些累了，就坐在芦苇地边休息。

忽然，他发现芦苇丛中的芦花纷纷扬起，在空中飘来飘去。他不禁感到十分疑惑："奇怪，我并没有靠在芦苇上摇晃它，这会儿也没有一丝风，芦花怎么会飞起来的呢？也许是苇丛中来了什么野兽在活动吧。"

这么想着，农夫提高了警惕，站起身来一个劲儿地向苇丛中张望，观察是什么东西隐蔽在那里。过了好一会儿，他才看清原来是一只老虎，只见它蹦蹦跳跳的，时而摇摇脑袋，时而晃晃尾巴，看上去好像高兴得不得了。

老虎为什么这么撒欢呢？农夫想了想，认为它一定是捕捉到什么猎物了。老虎得意得简直忘了形，完全忘了注意周围会有什么危险，屡次从苇丛中跳起，将自己的身体暴露在农夫的视线里。

农夫悄悄藏好，用弓箭瞄准了老虎现身的地方，趁它又一次跃起、脱离了苇丛的隐蔽的时候，一箭射过去，老虎立刻发出一声凄厉的叫声，扑倒在苇丛里。

农夫过去一看，老虎前胸插着箭，身下还枕着一只死獐子。

“螳螂捕蝉，黄雀在后”就是这个道理，这只老虎是悲哀的，它因为捕到了獐子万分高兴，便忽略了对周围环境的观察，以致自己已经成为了别人猎杀的目标都不知道，最后只能中箭而死。

古人云，“轻诺必寡信”。这不仅是一个主观上愿不愿意守信的问题，也是一个有无能力兑现承诺的问题。自负者为了表明自己的能力超群，常常会答应自己无力完成的事，当然会使别人一次又一次失望。

有这样一家公司，他们需要一名业务经理。

这天，一名年轻人来应聘，他自信满满地说：“在这行，我可以说是经验丰富，并且最擅长做终端业务，如果授予我相应的自主权，那么我敢保证，一年做成100万业务绝不成问题。”总经理庆幸喜得人才，任命他为地区经理，谁知一年后，他的业务开展得不够理想，一年仅完成50万业务，总经理大失所望，撤销了他的经理职务。

第二年，又有一位年轻人前来应聘，说：“我在这行才做了两年，自然不算经验丰富，但我希望贵公司能给我一次机会，我愿意竭诚为公司服务。”经理见他踏踏实实也很喜欢，就先让他干了一年。这一年，他干得果然卖力，一年完成了50万的业务。总经理对他大加赞赏，并提升他为地区经理。

同样是50万的业务，却一个降职一个升职，受到的待遇如此不同，这就是期望值不同造成的结果。在推荐自己的时候，着实需要拔高自己，但也要量力而为，不能胡乱吹嘘自己。如果一味地说自己多么能干而到头来没有实现自己曾经许下的承诺，那么别人只会看低你。

年轻人信心十足，有意拔高自己以求得他人尊重，这种心情可以理解，做法却并不合适。要做到自信却不自负，我们需要正视自己的优缺点。

人生在世，要经历的东西太多太多，成功也好失败也罢，都没有必要过于执着，若是因为成功而得意忘形，使自己陷入不利位置，就得不偿失了。有些人在苦苦打拼的时候，一步一个脚印，踏踏实实地向前走，虽然艰苦却很少出什么大的纰漏。而另外一些人成功了之后，却整日沉醉在无尽的喜悦中，忘记了继续努力，忘记了敌人的虎视眈眈，最终只能自取灭亡，这样的人成功得快失败得更快。

“赐恩”这种表述不合适如果你也是一个爱骄傲的人，就从现在开始审视自己，改变自己，做一个谦逊的人，一个能够忍耐喜悦冲动、奋发向上的人吧。

当然，谦卑并不意味着活在别人的眼光中。如果你能掌握好自己的自信尺度，你就能拥有自己的生活态度而不被他人左右；即便有人故意刁难你，那也只能证明对方嫉妒你，所以他自信不足，看不惯你自信满满的样子，对于这样的人，你不必去理会，他的心态太贫穷了，你不需要与其计较或者感到抱歉，因为你现在所得的是你努力争取的结果，你需要做的就是过好你自己的人生，向更高的高度去挑战。

可见，做人要信心十足，但不等同于自高自大、自我浮夸，只有抱着谦卑的态度，你才能不断进步！

每日反省，必将有所感悟

生活中，我们每一个人都是一个单独的个体，人与人虽然没有优劣之分，但每个人自身各有优点与不足，对于追求卓越和成功的人来说，你若能及时发现自己的问题，扬长避短，并加以改进，那么便能更好地成长，很多成就卓著的人士的成功，首先得益于他们充分了解自己的长处，知道自己的短处，然后根据自己的特长来对自身进行定位或重新定位。

有人说“成功时认识自己，失败时认识朋友”，这固然有一定的道理，但归根结底，我们认识的都是自己。无论是成功还是失败，我们都应坚持辨证的观点，不忽视自己的长处和优点，也要认清短处与不足。同时，自我反省、认清自己还能帮助我们做回自己，只有这样，才能获得重生。

爱因斯坦小时候是个十分贪玩的孩子，他的母亲常常为此忧心忡忡，母亲的再三告诫对他来说如同耳边风。直到16岁那年的秋天，一天上午，父亲将正要去河边钓鱼的爱因斯坦拦住，并给他讲了一个故事，正是这个故事改变了爱因斯坦的一生。

父亲说："昨天我和咱们的邻居杰克大叔去清扫南边的一个大烟囱，那烟囱只有踩着里面的钢筋踏梯才能上去。你杰克大叔在前面，我在后面。我们抓着扶手一阶一阶地终于爬上去了，下来时，你杰克大叔依旧走在前面，我还是跟在后面。钻出烟囱后，我们发现了一件奇怪的事情：你杰克大叔的后背、脸上全被烟囱里的烟灰蹭黑了，而我身上竟连一点烟灰也没有。"

爱因斯坦的父亲继续微笑着说："我看见你杰克大叔的模样，心想我一定和他一样，脸脏得像个小丑，于是我就到附近的小河里去洗了又洗。而你杰克大叔呢，他看我钻出烟囱时干干净净的，就以为他也和我一样干干净净的，只草草地洗了洗手就上街了。结果，街上的人都笑破了肚子，还以为你杰克大叔是个疯子呢！"

爱因斯坦听罢，忍不住和父亲一起大笑起来。父亲笑完后，郑重地对他说："其实别人谁也不能做你的镜子，只有自己才是自己的镜子。拿别人做镜子，白痴或许会把自己照成天才的。"

的确，正如爱因斯坦的父亲所说，我们只能做自己的镜子，照出真实的自我。先哲说："人生的真谛在于认识自己，而且是正确地认识自己。"许多教育家认为，一个人的反思意识应从小培养，因此，尚处于人生积累阶段的年轻人，也应当从现在起，培养自己的反省意识。

而事实情况是，日常生活中，我们既不可能每时每刻去反省自己，也不可能站在一定的高度、以局外人的身份来观察自己，于是，我们只能以外界信息和他人的眼光来认识自己，于是，我们的思维很容易受到外界信息的暗示，于是，我们常常会迷失自己。

生活中的我们，也应该安静下来问自己，我们到底是在不断提升自己，还是只顾面子，不肯跟自己“摊牌”呢？或许有正直不阿的指导者，曾经指出你身上存在的问题或闪光点，但可能你根本不愿意承认这点，因为你不愿意让他人看透自己。

事实上，反省无时无地不可为之，也不必拘泥于任何形式，不过，人在事务繁杂的时候很难反省，因为情绪会影响反省的效果。你可在深夜独处的时候反省，也就是在心境平静的时候反省——湖面平静才能映现你的倒影，心境平静才能映现你今天所做的一切！

当然，真正有效的反省都是在头脑清醒的情况下进行的，正如哲学家尼采所说的：“不要在疲惫不堪的时候反省自己，这并非因为你冷静地反省了自己，你只是累了。在疲劳时进行反省，乃是郁闷设下的陷阱。”他这句话的含义是，一个人在结束了一天的生活和工作后，会不由自主地回顾当天的生活。此时，你会关注到自己和他人的行为，就会从中发现一些令你不愉快的部分，你就会变得郁郁寡欢，这种情绪的产生可能是因为你认为自己是无能的，或者认为他人是可恨的，最终，你会伴随着这样一些负面情绪睡去。很明显，此时的反省不是有效的，你只是疲惫了，此时，你该做的就是休息，等身心放松了再进行反省，你会更平和地看待问题。

至于反省的方法，因人而异，有人写日记，有人则静坐冥想，只在脑海里把过去的事放映出来检视一遍。不管你采用什么样的方式，只要真正有效就行，自省也不能流于一种形式，如果你每日看似反省，但找不出自己的问题，甚至对错不分，那就很值得注意了。

那么，每天你又应该反省些什么呢？是不是专门跟自己过不去？不！以下几个方面值得你去自省：

人际关系。你今天有没有做过什么对自己人际关系不利的事？你今天与人争论，自己是否也有不对的地方？你是否说过不得体的话？某人对你不友善是否还有别的原因？

做事的方法。反省今天所做的事情，处事是否得当，怎样做才会更好？

生命的进程。反省自己至今做了些什么事，有无进步？是否在浪费时间？目标完成了多少？

如果你坚持从这三个方面反省自己，一定可以纠正自己的行为，把握行动的方向，并保证自己不断进步。

要成为一个有自我反省能力的人，一定要做到自我否定，就是要勇于认错。每个人都会有错误和缺点，有了错误，主动接受批评和自我批评，认真反省自身缺点，从而不断改进自己、升华自己。那么，生活中的人们，你有反省的习惯吗？趁早培养吧，它能修正你为人处事的方法，给你指引明确的方向……

总之，反思自己是一件痛苦的事情，会反思是一种智慧，对于那些更喜欢跻身于人群中的人来说，你有必要反思自我，思考自己的得失功过，只有这样，你才不至于迷失自我。

不驰于空想，不骛于虚声

现实生活中，不乏妄自菲薄的人，他们总是自轻自贱，不把自己看在眼里。当然，并非所有的人都妄自菲薄，还有的人总是好高骛远，把自己看得非常高，因而不是瞧不起这个，就是瞧不起那个，最终导致他们的眼里只有自己。

毫无疑问，缺乏自信是不好的，但是同样的，过于自信，甚至变得狂妄自大，心比天高，也是不好的。一个人，只有脚踏实地，一步一个脚印地把每件事情做好，才能在生活和事业中取得发展，才能提升和完善自己。

每个人对于未来都怀着美好的期望，遗憾的是生活并不会让我们总是顺心如意。我们因为急功近利，因为急于求成，而导致心浮气躁，这样做，自然会使我们距离成功越来越远。因而朋友们，我们一定要杜绝好高骛远的心态，从而脚踏实地地展开自己的人生之旅。

有的时候，对于成功而言，好高骛远还是一个陷阱。好高骛远的人看似对自己充满信心，对于人生和未来也充满渴望，但是实际上，好高骛远，会导致他们距离人生目标越来越远。所谓欲速则不达，过于心急，急于求成，反而会使事情朝着相反的方向发展。不得不说，这是绕了弯路，会导致人生反而与理想和期望背道而驰。

1871年春，威廉斯勒正在英国蒙特瑞综合医科学校里读书。当时，他对于人生感到非常困惑，他不知道自己如何才能把现实琐碎的生活与伟大高远的理想联系起来。他渴望成功，又觉得自己现在的生活毫无意义，甚至对于学校的学习生活也感到索然无味。为此，他心神涣散，学习成绩越来越差，后来，在老师的推荐下，他开始阅读哲学家卡莱里的哲学著作，想要从中找到人生的答案。

威廉斯勒意志坚定，他从不盲目崇拜大人物，对于很多学生推崇的名人名言，他也不以为然。不过，对于老师推荐的书，他还是很重视的。看书的时候，他突然看到一句话，并且为此怦然心动："人生之中最重要的是，不要去看远方模糊不清的东西，而要从身边具体的小事做起。"他不由得猛然醒悟，的确，一切伟大的理想都离不开实际的行动，一切浩大的工程都要从一砖一瓦堆砌而起。他心中所有的困惑都消失了，他终于找到了自己寻求以久的答案。他这才知道，实现理想不是将明灯高高悬挂在天空中，而要从我们身边最琐碎的小事开始做起。当即，他一改浮躁的心态，开始埋头苦读。他很清楚这就是他眼下最重要的任务，也知道他必须提高学习成绩，才能拥有更好的未来。就这样，他在半个学期里始终刻苦攻读，后来成绩一跃而上，他也随之成为全校最出类拔萃的学生。

两年之后，威廉斯勒毕业了，他的毕业成绩非常优异，在全校屈指可数。毕业后，他成为了一名精益求精、爱岗敬业的好医生，后来更是亲手创办了约翰·霍普金斯学院。在他的经营和管理之下，他的学院很快在英国变得很有名气，甚至举世闻名。

细心的人会发现，大多数成功者之所以能够成功，并不是因为他们有多么高远的理想和志向，而是因为他们始终坚持求真务实的精神，脚踏实地、力所能及地做好人生中的每一件事情。所谓滴水穿石，他们正是因为坚持努力和付出，所以才能步步为营地奔向人生理想，实现人生目标。在成功者的字典里，从未有三心二意，更没有犹豫不决。

毋庸置疑，一个人必须有理想，有梦想，这样人生才会拥有方向。但是，实现理想和梦想的过程并不简单，任何人要想获得成功，都必须脚踏实地地从点滴小事做起，不要好高骛远。生活在现代化的大都市，我们常常看着那些高耸入云的高楼大厦，心中激动不已。殊不知，万丈高楼平地起，这些大厦无论多么雄伟壮观，也都是从一砖一瓦开始建立起来的。对于人生的理想也是如此，我们必须切实去做，才算是迈出了通往成功的第一步。否则，假如我们总是好高骛远，我们的理想和梦想就会成为空想，成为空中楼阁，永远也没有机会得以实现。

第02章

未来不可怕，有梦想就有追求

人是靠梦想而活的，这一生做一个什么样的人，是否有成就，取决于自己有什么样的梦想。梦想的神奇之处在于人的不断奋斗追寻，恐怕世界上再没有比梦想更奇妙的东西了。

扬长避短，最大限度发挥自己的资本

对于未来，每个人都有非常美好的憧憬，也有着远大而又灿烂辉煌的理想。这一点毋庸置疑，也无须掩饰，难道有人会说自己不希望未来很美好吗？当然不可能。然而，为什么有些人总是能够无限接近于自己所认为的成功，甚至是很轻而易举或者历经艰辛地获得了成功，而有的人则总是距离自己的梦想无限遥远呢？这是因为，他们之中有些人理智地认清了自己的情况，扬长避短，脚踏实地地展开行动，而有些人却总是好高骛远，最终成为不折不扣的空想家，永远让理想停留在空想阶段。

举个最简单的例子，在大学毕业季，有无数的大学生走出校园，涌入社会。他们之中不乏心比天高者，觉得自己数年寒窗苦读，现在一朝学成，一定能够成为社会上不多得的人才，得到很多用人单位的争相追捧。然而，几场招聘会下来，尽管他们已经发现了现实很残酷，却始终不愿意改变自己，依然坚定不移地相信自己一定能够等来伯乐的赏识，大展身手。最终的结果是什么呢？他们在很长时间内都没有找到工作，因为他们看得上的工作却得不到，他们看不上的工作即使得到了也不愿意屈就。相比这些心比天高、命比纸薄的大学生，还有些大学生则显得更加务实。虽然他们在象牙塔里也曾幻想着自己毕业以后成为出入写字楼的光鲜亮丽的白领，但是现实告诉他们，他们的梦想太丰满。当被用人单位告知试用期的薪水只有两千多元，即使转正之后也只有三千多元时，他们选择了接受。因为他们知道，对于只有一纸文凭、而没有任何工作经验的他们而言，根本没有足够的资本作为筹码与用人单位谈判，因而只能先生存再发展。因而，他们选择脚踏实地地面对现实，走出属于自己的人生之路。

曾经，学习历史专业的杜威最大的梦想就是成为一名教师，把历史的雄壮画卷展开在学生们面前。他也的确按照自己梦想的指引，在大学毕业后去了一所高中当历史老师。然而，虽然他博学多才，而且对于历史如数家珍，但是学生们很不喜欢听他的课。原来，虽然他专业能力超强，讲课却缺乏趣味。而对于对历史本身并没有特殊兴趣的学生而言，一堂枯燥乏味的历史课简直是种折磨。为此，一到历史课，学生们不是偷偷看课外书，就是伪装成听课的样子睡觉，看着讲台下乏味的眼睛，他也觉得兴致索然。尽管他对历史的热情没有改变，教书育人的梦想也不曾褪色，但是他思来想去，最终决定辞职，因为他知道自己永远无法成为一名受欢迎的历史老师。他一向不苟言笑，严肃认真，根本无法把学生们带入生动有趣的历史之中。

后来，杜威去了一家房地产公司当推销员。同样是沉默寡言，但是文质彬彬的他给客户以沉稳踏实的感觉。再加上他学识渊博，出口成章，而且能从很多历史事件的角度进行深入讲解，这给了客户们非常好的体验。最终，他的销售业绩越来越好，如今他已经成为了公司的金牌销售，并且担任公司的销售总监。偶尔，他还会去策划部客串，尤其是当要设计有历史古拙感的楼盘项目时，他简直就是设计师的顾问啊！现在的杜威，事业做得风生水起，性格也变得乐观开朗。他常常说："虽然我曾经的梦想很高尚，想成为人类灵魂的工程师，但是我遗憾地发现自己并不适合。这才让我有机会进入现在的行业，并且真正地发挥出自己的所长，也彻底改变了我的命运。在这里，我很清楚地知道我所有的长处都能发挥出来，这让我无比自信。"

从历史老师，到销售冠军，再到销售总监，再到策划部的金牌顾问，杜威的人生历程不可谓不传奇。也许有人会觉得他的发展轨迹跨度过大，实际上，人生就是这样处处充满奇迹。你所以为的很多事情，也许并不能通过现实的检验，在这种情况下，我们就要学会改变。我们首先要了解自己的资本，因为资本决定了我们能在哪条路上走多远。我们还要学会利用自己的资本，这样才能扬长避短，取得最大限度的发展。

很多人之所以始终与成功绝缘，并不是他们能力不够或者有所缺陷，而是因为他们给自己定错了目标。很多你理想中奢望的美好，并不能在现实得以实现，因而，当穷途末路时，你就要扪心自问：我该何去何从？任何目标不管多么伟大，一旦被现实拒绝，就是失败的目标。因而，在制订人生目标之后，我们最重要的就是在现实中检验目标的合理性、可行性，从而帮助自己更好地实现人生规划。

人生在路上，而不是在出发的原点

这个世界上有梦想的人比比皆是，但是最终实现梦想的人则是凤毛麟角，实现梦想且获得成功的人，更是少之又少。究其原因，梦想的诞生是很简单的，每个人不管身份是高贵还是卑贱，对于生活都有着无限的渴望，具体到某一件事情上就是梦想。相比之下，坚持梦想很难，实现梦想更是难上加难。一个人，即使想平庸地度过一生，也是奢望，人生，总是充满着各种变数和意外，更伴随着风风雨雨。在实现梦想的道路上，我们需要披荆斩棘，破浪乘风。如果没有坚持的勇气和坚强的意志，人们很容易就会放弃梦想。

很多年轻人都对未来充满期许，他们怀揣着一颗热情的心和新鲜出炉的梦想，还没等出发，就已经被吓得瑟瑟发抖。原来，不但家人们劝说他不要冒险，就连他自己的心也在告诉他：外面很危险，失败的可能性远远大于成功的可能性。就这样，他开始想象自己会遇到哪些困难，原本想未雨绸缪，最终却杞人忧天。从某种意义上来说，即便思虑不周全就勇敢实践并且最终导致失败，也远远比处处杞人忧天、深思熟虑最终导致裹足不前更好。归根结底，人生在路上，而不是在出发的原点。

张敏大学毕业后，找工作处处碰壁，一直没有找到心仪的工作。为此，她萌生了一个大胆的想法：开一家成衣公司。张敏是学习服装设计的，原本对于服装设计就有很浓厚的兴趣。她想开一条龙式服务的量体裁衣成衣公司，这无疑是很容易实现的。然而，对于女儿提出的梦想，爸爸妈妈有着一大堆的反对意见：房租是巨额开支；成衣越来越物美价廉，走高端路线的量身定制的成衣公司，有多少人会光顾；现在的有钱人越来越挑剔，非常追求名牌，没有名气的小店，他们能否认可……一系列的难题，瞬间把张敏的热情扑灭了。

在经过慎重思考之后，张敏也意识到，问题可能的确不像她想得那样简单。归根结底，现在是市场经济，一切都要遵循市场的规律。就这样，在爸爸妈妈的建议下，她找了一份不那么出色的工作，每天过着平淡的生活。出乎张敏的意料，在得知张敏的创意宣告流产之后，她的好朋友杜丽居然大胆地开办了一家一条龙式服务的成衣公司。原来，杜丽在听说张敏的创意后就怦然心动，遗憾的是，杜丽不能抢张敏的好创意。就这样，一直等到张敏踏踏实实开始上班，杜丽才开始实施这个大胆的设想。刚开始的时候，服装店的生意非常清淡，毕竟认可量体裁衣和有经济实力量身定做的人很少。不过，杜丽灵机一动，搭上了淘宝的顺风车。她把自己设计的衣服挂在淘宝店，如果有人问津，就根据尺寸给客人量身定制。如此一来，很快，杜丽的服装店生意越来越火爆。如今，她不但拥有几家实体店，在网上还有了独具个性的原创品牌。原来，现代人最怕的就是和别人穿一模一样的衣服，因此非常热衷于购买原创品牌。就这样，杜丽很快就变成了真正的创业者，拥有了自己线上和线下的销售渠道。看着好朋友的事业做得风生水起，张敏懊悔不已。

在这个事例中，张敏的好点子被杜丽借鉴了。如果张敏当初能够勇敢地迈出创业的步伐，那么现在的风光就是属于张敏的，她也就不用心不甘情不愿地按部就班地上班了。每个人都有梦想，最重要的是不要让梦想停留在空想阶段，而是要努力地让梦想变成现实。梦想如果只停留在空想阶段，是没有任何意义和价值的。梦想，必须脚踏实地地实践，才能让一切更加有可能实现。

在现实生活中，我们常常会祝福别人和自己“梦想成真”。这句话听起来简简单单，真正要去做，却需要莫大的勇气和顽强的毅力。人们常说，心动不如行动，这非常符合梦想的特质。当脑海中对未来有了美好的愿景时，我们首先要做的就是制订实施的计划和方案，然后将其落实。哪怕失败了，我们也能够从中获得经验和教训，让自己距离成功更近一步，否则，一切都将止步不前。在实施梦想的过程中，我们难免会遇到很多困难，在这种情况下，我们不但要敢于去做，更要坚持去做。没有人能随随便便成功，每个人的成功都来自于对梦想的坚持不懈和持之以恒。古人云："锲而舍之，朽木不折；锲而不舍，金石可镂。"由此可见，自古至今，勇气、恒心和毅力都是实现梦想必不可少的要素。年轻人，梦想在向你们招手，鼓起勇气出发吧，千万不要处处限制自己，把自己变成不折不扣的"套中人"。即使失败，也没什么可怕的，只要年轻，一切都可以重新来过！

每个人都有梦想，当梦想停留在空想阶段时，我们一分钟之内就可以创造一个梦想。真正的梦想，不能只停留在想的阶段，更要有切实可行的计划和坚持执行的勇气与毅力。"套中人"永远都把自己封闭起来，既不敢面对外界，也无法受到外界的启发进而采取大胆的行动。

你的大部分焦虑来源于遥远的未来

现代社会中，几乎每个人都对焦虑毫不陌生，从某种意义上说，焦虑甚至已经席卷了全社会，成为对于每个人而言如同感冒发烧一般常见的症状。焦虑就是一种现代社会病，也是一种症状，从心理学的角度来讲，焦虑本质上是一种心理状态，通常是因为实际行动与预期有一定差距而产生的负面情绪。正是因为心比天高，命比纸薄，理想很丰满，现实很骨感，所以人们焦虑的状态才越来越严重。可以说，现代社会的大多数人几乎无时无刻不在被焦虑折磨。

随着学业压力的增大，不仅孩子们越来越感受到焦虑，成年人更是成为了焦虑的载体。尤其是上有老、下有小且人生和事业都处于关键期的中年人，更是承受着巨大的压力，也因为焦虑倍增，很多中年人都面临着人生的窘境。那么，人们为什么会感到焦虑呢？心理学家经过研究发现，人之所以焦虑，实际上是因为对未来的恐惧。

通常情况下，未知的东西越多，人们的焦虑也就越严重。没有人喜欢毫无把握的感觉，尤其是人生，更是一场没有归途的旅程，往往一旦错过，或者做错，就再也无法弥补、逆转。因而大多数人的焦虑都来自于对未来的未知和恐惧，尤其是那种万事待定的感觉，更是让心理脆弱的人们感到无所适从。假如有人告诉我们：“你的人生肯定会飞黄腾达，一帆风顺。”如此一来，我们还会焦虑吗？只怕会无比惬意且心安地坐等未来的到来，更是会始终保持心情的愉悦。

尽管人人都说要成为命运的主宰，然而这并不是容易且简单的事情。尽管我们总是祝福他人心想事成，万事如意，但是人生总是不能让人如意。尤其是在面对命运的坎坷和挫折时，很多人就会更加焦虑不安。殊不知，一味地焦虑并不能很好地解决问题，唯有冷静下来理智思考，才能帮助我们捋清思路，从而帮助我们作出正确的选择和抉择。

假如人生一直保持现状，每一天都如同今天一样普通而又平凡地度过，那么即便岁月静好，人生也会变得索然无味。其实，人生独特的魅力正在于未知，就像是在探索一个神秘世界一样，每一天都是新鲜而又充满未知的。当我们能够摆正心态、坦然面对未知的未来时，也许我们的焦虑就会随之减轻，这样人生的幸福和快乐也会变得更多。

通常情况下，人们焦虑的都是一些微不足道的小事情，诸如是否换工作，是否买大房子，是否把家里的老人接来一起生活，是否会因为工作上的特立独行失去工作，是否需要再生一个孩子，进入二胎时代……总而言之，这些待定的事情给了我们无穷的压力。细心的人会发现，其实很多事情都是在没有确定下来时让人纠结，倘若我们能够在综合考虑之后果断作出决定，由此而生的焦虑也就会减轻很多。

在这个时代里，没有任何人能够成为一座孤岛，相反，每个人都是社会成员，都要与其他社会成员之间产生必然的联系。在这种情况下，我们与其把焦虑不安传染给他人，不如让自己成为一个拥有正能量且受人欢迎的人。也许我们的人生从小就被父母安排，被老师主宰，然而我们终究要独自面对人生，因而当走出象牙塔时，我们必须成为顶天立地的人。随着角色的转化，我们也会成为丈夫或妻子和人生伴侣一起撑起家庭，也会成为孩子的父亲或者母亲为他们遮风挡雨，还会成为父母老来的依靠给他们拿主意，更会成为工作单位里的顶梁柱，博得上司的赞许和赏识……总而言之，我们必须顶天立地，才能撑起独属于自己的人生。

人生并非一条笔直的大路，很多时候我们都会面临人生的三岔路口，也会面临人生的十字路口。在艰难抉择的时候，到底如何选择和决断？没有人能够保证未来一定会朝着我们预期的方向发展，因而不管作何选择我们都要学会为自己负责。古人云，兵来将挡，水来土掩，如果我们也能抱着这样的态度生活，相信人生就会多些从容不迫，少些紧张局促。

我们都是普通人，作为小人物，我们的心中却有着不切实际的英雄梦。当现实过于残酷、与我们曾经充满诗意和浪漫的梦想形成强烈对比时，我们受伤了，最终带着挫折和沮丧退缩不前。然而，停滞不前的人永远无法领略人生的风景，我们必须更加努力向上，才能得到最无怨无悔的人生。

朋友们，从此时此刻开始，就让我们张开双臂迎接未来吧，那里既有风雨也有朗朗晴空，既有失败也有成功的喜悦和荣耀，只有接纳命运赐予的一切，我们才能成为真正顶天立地的强者。

倾注精益求精，书写卓越人生

在本文开篇之时，我们不妨作一个假设，假如今天的生活非常美好，你是否愿意人生未来的每一天都变成今天？由此便可以尽情享受岁月静好，而无须感慨人生的反复无常。看到这个让人惊艳的条件，也许有些朋友会毫不犹豫地表示同意，然而当这样美好的日子真的一成不变地重复若干天，你会发现曾经的美好会不复存在，剩下的只有枯燥、乏味和无聊、痛苦等负面的情绪和感受。

为何美好的生活也禁不起岁月这把杀猪刀的摧残呢？其实这并不是岁月的错，关键在于人生是需要变化的，如果你此前未曾领悟到这一点，那么此时此刻你一定感受到了这个真谛。人生最大的魅力在于，我们永远也不知道明天会发生什么事情，既有可能是灾祸，也有可能是惊吓，更有可能是惊喜。我们唯有始终保持对人生的渴望和激情，才能应付人生中各种不期而至的状况，才能勇敢地挑战人生的现状，从而给予自己的人生更多的可能性，最终追求卓越，获得辉煌的人生。

大学毕业后，张坤没有选择回到家乡当一名普普通通的教师，因为他说那种一眼望到死的生活让他感到窒息。他背起行囊，去了机会更多的大上海打拼，想在上海开拓自己的人生，拥有一席之地。

张坤很幸运，进入了一家规模很大的企业工作，从普通的文员干起，因为踏实勤奋，对待工作认真负责，也因为很擅长写作，经常能为领导写发言稿、总结等类似的小文件，所以张坤很快就被提升为经理助理。要知道，这可是很多工作经验丰富的求职者都垂涎的职位啊！当助理三年之后，张坤对于公司的运营和流程都有了一定的了解，他没有甘心一直当助理，而是马上给自己提出了更高的要求：成为华东区总监。

原来，公司眼下正处于飞速发展和扩张的阶段，因此急需高层管理人才。当然，老总的意思是最好从内部提拔，因为外聘高层领导需要漫长的磨合时间，最终也未必能够和公司风雨同舟。老总认为，由公司亲自培养出来的人才，更值得委以重任。正是在如此千载难逢的好机会下，张坤果断专行，从经理助理主动申请到销售部门，从最基础的销售员开始做起，很快就因为业绩出色被提拔为销售主管，后来更是三连跳，从销售经理直接胜任华东大区总监。在短短的一年多时间里，当初那些曾经劝说张坤安安稳稳当经理助理的同事、朋友，全都对张坤竖起了大拇指。

大学毕业之后幸运地进入这家企业工作，接下来凭借自己的勤奋刻苦和斐然文采，最终得到领导的赏识，从一个普通的文员到成为华东大区的销售总监，张坤的经历无疑极富传奇色彩，甚至让人感到难以置信。在人生的道路上，我们每个人都有自己的规划，不过人们常说计划赶不上变化，因而我们也要顺应形势，及时抓住机会努力提升自我，不断进步。

现实生活中，其实有很多人并不了解自己，也无法准确判断和衡量自己的能力。人的潜力是非常巨大的，而且每个人的潜力都侧重于不同的方面。有些人是被现状迷惑，总觉得自己的人生只要能够保持现状，就已经足够美好。殊不知，人生的魅力就在于不断进取，正如人们常说的学海无涯，人生向上攀登的道路也是没有终点的。就像运动员在比赛场上不断进取、突破自身的极限一样，我们在人生的路上同样需要坚持奔跑，从而争取达到更快的速度。不仅个人如此，企业、民族以及整个人类社会，都要抱着追求卓越的精神，才能不断进步，精益求精。

努力活成五年后自己想要的样子

我们都知道，五年的时间不算短，你能从学生变成一名成熟的社会人士，你能学习到精湛的技术，但前提是你必须要有梦想、目标。在当今社会，如果仅仅盯着眼前的薪水，满足于手头的工作，而不去提升自己的能力，去发现更辽阔的天空，我们又怎能在未来为自己赢得一片天地呢？

我们先来假设一下，有两个年轻人，他们能力不相上下，都一无所有，一个年轻人总是积极向上，每天干劲十足，努力充实自己，每每遇到挫折，他依然鼓励自己不能消极；另外一个年轻人，他目标模糊，满足于现状，每天浑浑噩噩，得过且过，想象一下，五年后，他们会有什么不同？

尽管只是五年的时间，他们的差距就已经显现出来了，前者通过自己的奋斗，已经小有财富，做人办事顺风顺水，事业越做越大、春风得意，而后者，稍微遇到一些问题，便慨叹自己解决不了，每天活在抱怨中，常常为生计、金钱而苦恼。

这两种人，你想做哪种？当然是第一种！任何人，都希望实现自己的梦想，都希望过上自己喜欢的生活，然而，如果你现在不开始努力的话，一切都是空谈。

任何一个有一番作为的人，无不是认识到了只有努力才能改变现在的状态，只有努力才能营造出美好的五年，其实，只要你从现在就开始努力，只需要五年的时间，你的生活和状态就会发生翻天覆地的变化。

杰斐逊是一名普通的汽车修理工，靠这份工作勉强生活，但是他的目标并不在此，他希望自己能拥有一份更好的工作。

一次，他打听到，汽车城底特律正在招聘员工，他心想，可以前去试试。当时招工简介上所写的招聘日期是星期一，所以，他在前一天下午就到了底特律城。

晚饭后，一个人待在旅店里，他突然静下心来，想到很多事，很多过去经历的事像电影般在脑海中播放了一遍。突然间，他感到一种莫名的烦恼，他自认为自己头脑灵活、做事勤快，可为什么到现在一事无成呢？

接下来，他从包里拿出来纸笔，然后写下了几个人的名字，这些人和自己年纪相仿、认识已久，关键是比自己优秀，其中两位曾是他的邻居，而如今却搬到富人区去了，还有两位是他以前的老板。

他扪心自问：与这4个人相比，到底自己在哪方面不如他们？自己真的笨吗？倒不尽然，经过很长一段时间的反思后，他找到了问题的症结在哪——自己性格情绪的缺陷。他承认，在这一方面，自己确实不如他们。

想着想着，时间一晃，竟然已经到了凌晨三点多了，他却愈发睡不着，他觉得这些年来，他第一次认清了自己，看到了自己致命的缺点：很多时候不能控制自己情绪的缺陷，例如，爱冲动、自卑，不能平等地与人交往等。

所以，他为这一问题检讨了自己一晚上，这才发现，自己是一个极不自信、妄自菲薄、不思进取、得过且过的人；他总是认为自己无法成功，也从不认为能够改变自己的性格缺陷。

最终，他下定决心，从那一刻开始，绝对不会再自贬身价，认为自己不如人了，只有先完善自己的性格缺陷，才有可能变得优秀。

第二天一大早，他抬头挺胸来到了这家公司，信心满满地前去面试，顺利地被录用了。在他看来，之所以能有这样一个工作机会，就是因为头一天晚上他作了自我检讨并认识到了自信的重要性。

在走马上任的两年内，杰斐逊逐渐变成了一个受大家欢迎而且能力出众的人，大家都喜欢这样一个乐观、自信且积极热情的人，两年后，他加了薪水，又升了职，成为了一个小有成就的人。

生活中，很多人像曾经的杰斐逊一样，忙忙碌碌，日复一日，固定的生活模式成了一种必然，但成功并没有青睐他们，为什么会这样呢？之所以会造成这种结果，很大一部分原因在于他们的目光看得不够远。俗话说，精明的人看得懂，高明的人看得远。对于那些身处职场的人来说，即便你从财务那里领到的薪水再多，也是来源于老板的，而那些看得远的人则不仅看到了自己的薪水，更懂得经营自己的未来，让财路源源不断。

可能很多人一直感叹于他人的成功，也很容易想象自己勇敢的时候是什么样子。但是当突然需要他们拿出勇气时，他们有点不知所措：他们其实一点也不勇敢，他们还会因为恐惧而感到恶心。我们甚至可以用“意志薄弱”“两腿打颤”“脚底发凉”

以及“战战兢兢”等词语来描述他们在畏惧时的心态。事实上，我们每个人都需要勇气，却因为畏惧而退缩了，这才是人生的悲剧。去做你所恐惧的事，这是克服恐惧的一大良方。

第03章

给自己一个清晰的目标，人生才会越来越好

古人云：“有志者，事竟成。”人生需要确立远大志向和清晰的目标。目标是生活的灯塔，力量的源泉，如果失去了人生目标，就会迷失前进的方向。只有确立目标，才能选择适合自己的生活道路，从而掌控自己的人生。

没有规划的人生只能叫活着

对于人生，每个人都有自己的理解。因而，每个人对于人生的诠释，以及为了实现人生理想而采取的行动，也都是不同的。在中国词典上，将人生定义为人的生存以及所有的生活经历。众所周知，中国人相对比较传统，也缺乏创造力，所以对于人生的解释未免有些过于中规中矩。那么，我们再来看看随性自由的美国人是如何定义人生的。在美国教科书上，人们把人生定义为一场表演，当然，这是特定的表演，是人们为了实现自身的梦想和兴趣而特意展开的表演。由此可见，美国人心目中的理想人生，一定是与梦想和兴趣有关的。崇尚运动的人说人生在于运动，热爱生活的人说人生就是处理各种琐碎而又美好的小事情，还有人说人生是一场漫无目的的旅行……对于人们对人生的这些理解，我们既不能尽信，也不能完全不信，而是要加入自己的理解和思考，从而最大限度地对人生深入挖掘，让人生变得更加圆满。

自古以来，针对人生这一命题，很多人曾展开过讨论。其实，不管他们对于人生的定义和理解如何，人生都是人在生命历程中的各种轨迹的组合。从这个角度而言，我们想要拥有伟大充实的人生的理想，并非不可实现。正如人们常说的，有规划的人生叫蓝图，没有规划的人生叫拼图。就像蚊子整日奔波忙碌，却人人喊打，招人厌弃，蜜蜂整日忙碌，最终却酿出了香甜美味的蜂蜜，供人享用，所以，人们才会赞美蜜蜂为“勤劳的小蜜蜂”。由此可见，人生不管是否忙碌，最重要的是选择正确的方向，让自己的努力得到他人的认可和赞赏，从而让人生的一切奋斗事半功倍。

要想实现这一切，就离不开对人生的设想和规划。也许有些朋友会说，一切的设想如果不能落实到实处，就会变成空想。没错，我们要做理想家和实干家，而不要成为空想家。我们的人生不是镜中花水中月，而需要我们脚踏实地地努力和奋斗。唯有如此，我们才能最大限度发挥自身的潜力，督促自己不断努力，从而实现梦想，让人生变得充实而且充满意义。这就是我们人生开始的地方，这就是我们人生的意义所在。

20世纪30年代，玛格丽特出生在英国一个偏僻的小镇里。她从小就受到非常严格的家庭教育，她的父亲并没有因为她是个女孩就对她降低要求，反而经常告诉她：“人生在世，一定要力争做到最好，千万不要落后于人。就算坐公交车，我们也要坐在最前面。”在父亲言传身教的影响下，玛格丽特果然养成了坐前排的思想观念，她面对任何事情从不会说“我做不到”“这很难”

之类的丧气话。

在成长的过程中，玛格丽特逐渐养成了超强的信心，对待人生的一切艰难困境从不放弃，而是积极奋发，努力向上。她的一生之中始终牢记父亲的教诲，坚持勇往直前，做好每一件事情。可以说，她始终在以自己的实际行动实践父亲“永远坐前排”的教诲。这种精神和信念，对于她的学习和人生都起到不容忽视的影响。读大学期间，玛格丽特只用了一年时间，就学完了学校要求学生五年大学生涯中学习的拉丁文课程。这种拼命三郎的精神，使她得到很多人的瞩目和敬佩。即便在如此超强度的学习之中，她依然保持着每门功课都出类拔萃的好成绩，此外她还积极参加学校里的其他活动，为全校学生起到了表率作用。所以，校长才说她是建校以来最优秀、最野心勃勃的学生。校长当时没有预见的是，玛格丽特此后成为了英国的第一位女首相，而且雄踞英国政坛长达十一年，更是被全世界誉为“铁娘子”。

毋庸置疑，铁娘子撒切尔夫人“永远坐前排”的精神和信念，对于她的人生起到了积极的影响。正因为如此，她才能无所畏惧地规划自己的人生，把勇往直前的奋斗精神发挥到极致。作为英国的第一届女首相，她对于英国乃至全世界，都具有非同寻常的伟大意义。遗憾的是，很多人虽然知道“必须坐前排”的道理，但是就是做不到，也不知道人生如何才能采取积极的行动，实现目标。正如人们常说的，只有真正去做，展开行动，才算是迈出了通往成功的第一步。设想人生，规划人生，就是我们走向人生成功彼岸的最佳途径之一。

思虑周全，做事需要有计划性

古人云："凡事预则立，不预则废。"大到国家，小到个人，做事时候都必须要有计划性，只有做到缜密行事、步步为营，才能让成功多一分胜算。大凡要把一件事情做好，一般都要经历资料收集、深入调查、分析研究、最终下结论这样一个过程。

诚然，我们已经肯定了理想和愿望在追求成功的道路上的重要性，我们要趁早立志，为未来奋斗，不要让未来的你讨厌现在的自己，要不断为自己设置更高的标准，只有这样，才能取得令人满意的出色成果；但我们需要明白的是，这一愿望的实现必须要有一个清晰的规划，要考虑周全。

很久以前，在黄河岸边，有一座村庄，这座村庄的村民经常受到黄河水患的祸害，于是，为了防止水患，农民们筑起了巍峨的长堤。

一天，一个老农民在大堤上发现有好几个蚂蚁窝，老农民心想，这些蚂蚁窝会不会对黄河大堤产生一些负面影响呢？于是，他把自己的担忧告诉了自己的儿子和村里人，但他们听后不以为然地说：那么坚固的长堤，还害怕几只小小蚂蚁吗？于是，老农也放心地耕地去了。

谁知道，当天晚上就下起了大雨，黄河水暴涨。咆哮的河水从蚂蚁窝开始渗透，继而喷射，终于冲毁长堤，淹没了沿岸的大片村庄和田野。

这就是“千里之堤，溃于蚁穴”的来历。在我们生活的周围，也经常会发生因为细节上欠缺考虑而导致“满盘皆输”的事情。这告诉我们，在实现梦想的过程中，我们要做到思虑周全，忽略细节容易导致功亏一篑。当然，做好生活中的每一件小事也并不容易。

然而，生活中，我们不少人始终改不了粗糙的毛病，思考问题时，思路紊乱，东拉西扯，始终是稀里糊涂，生活中也是粗糙大意，结果只能是，事情做不到尽善尽美。而长此以往，就形成了一些不良的行事习惯，成功更加遥遥无期。

可能你会天真地认为，那些小问题怎么会影响到大局呢？的确，只是一些细节问题，比如，一个小数点，但你要明白，一个小数点的遗漏不仅会影响到你这道题的演算结果，甚至会影响一笔巨大的投资款项。因此，从现在起，你一定要培养自己关注细节的习惯，一件事情，也许你做到了99%，就差1%，但就是这点细微的区别会导致你无法成功突破。

没有条理、做事没有秩序的人，无论做什么事都没有功效可言。而有条理、有秩序的人即使才能平庸，他的事业也往往会有相当的成就。

拿破仑是一位传奇人物，这位军事天才一生之中都在征战，曾多次创造以少胜多的著名战例，至今仍被各国军校奉为经典教例。然而，1812年的一场失败改变了他的命运，法兰西第一帝国从此也一蹶不振，逐渐走向衰亡。

1812年5月9日，在欧洲大陆上取得了一系列辉煌胜利的拿破仑离开巴黎，率领浩浩荡荡的60万大军远征俄罗斯。法军凭借先进的战法、猛烈的炮火长驱直入，在短短的几个月内直捣莫斯科城。然而，当法国人入城之后，市中心燃起了熊熊大火，莫斯科城的四分之一被烧毁，6000多幢房屋化为灰烬。俄国沙皇亚历山大采取了坚壁清野的措施，使远离本土的法军陷入粮荒之中，即使在莫斯科，也找不到干草和燕麦，大批军马死亡，许多大炮因无马匹驮运不得不毁弃。几周后，寒冷的天气给拿破仑大军带来了致命的诅咒。在饥寒交迫下，1812年冬天，拿破仑大军被迫从莫斯科撤退，沿途大批士兵被活活冻死，到12月初，60万拿破仑大军只剩下了不到1万人。

关于这场战役失败的原因众说纷纭，但谁又能想到是小小的军装纽扣起着关键的作用呢？原来，拿破仑征俄大军的制服，采用的都是锡制纽扣，而在寒冷的气候中，锡制纽扣会发生化学变化成为粉末。由于衣服上没有了纽扣，数十万拿破仑大军在寒风暴雪中形同敞胸露怀，许多人被活活冻死，还有一些人得病而死。

拿破仑的失败，正验证了人们说的“成也细节，败也细节”的道理， 细节能带来成功，同时也能导致失败。细节就好比是精密仪器上的一个细微的零部件，虽然只是一个细小的组成部分，却起着重要的作用，一旦这个“零部件”出错，那就意味着满盘皆输。

曾经，有位管理专家一针见血地指出，从手中溜走1%的不合格，到用户手中就是100%的不合格。为此，员工要自觉地由被动管理到主动工作，让严格遵守规章制度成为每个职工的自觉行为，把事故苗头消灭在萌芽之中。也曾有位商界名家将“做事没有条理”列为许多公司失败的一大重要原因。

也许在每个人心中，都有一个伟大的梦想，但成功并不是一蹴而就的，没有人能随随便便成功，这就要求我们形成周密的思维习惯，做事没有条理，同时又想把蛋糕做大，这是不可能的。只有步步为营、严谨行事，才能做到更有条理、更有效率。如果你办事不得当、没有计划、缺乏条理，那么你浪费了精力后还是无所成就。

要想把事情做到最好，你必须在心中为自己设定一个严格的标准，并且，在做事时，你一定要按照这个标准来执行，决不能马虎；另外，在作任何一项决策前，一定要思虑周全，并作广泛的调查论证，广泛征求意见，尽量把可能发生的情况考虑进去，以尽可能避免出现1%的漏洞，直至达到预期效果。

忍耐是对胜利的一种执着

目标在追求梦想的过程中的重要性早已毋庸置疑，一个人要想成功，首先就得明确目标，有了目标，才不至于在前进途中迷失了方向。明确了目标之后，还需要朝着这个方向不断地努力，不管追寻梦想的路途中有什么样的困难和挫折在等着我们，都需要学会忍耐和坚持，因为忍耐是一种对胜利的执着。生活中，人们听到“逆境”“挫折”这样的词语总是会紧皱眉头，郁郁不得志。在他们看来，逆境意味着绝路，或许，自己再也没有翻身的那一天了。但事情往往并不是这样，多少成大事者都是从逆境风雨中走过来，从而获得了巨大的成功。

也许你会问，同样是逆境，怎么会出现这样大的差别呢？那是因为，在逆境风雨中，那些坚持下来的人，他们有明确的目标，更懂得在追求目标的过程中忍耐，于是，他们往往会收获一份意想不到的礼物：或是乐观的心态，或是顽强的斗志，或是困难中的机遇，但是，正是在忍耐过程中所获得的经验与教训，铸就了他们最后的成功。在追求目标的过程中，我们总是会遇到各种各样的挫折与困难，也许我们并不欢迎逆境、磨难的到来，但是，当它们与我们不期而遇的时候，请不要调转回头。它们就好似一个魔鬼，一旦看上你，就会对你穷追猛打，不弃不舍。而那些躲避甚至逃跑的人，只会被它们欺负得更加悲惨。如果你想成大事，就应该明确自己的目标，学会忍耐，这样才能经得起逆境风雨的洗礼。

卡莉·费奥瑞娜从斯坦福大学法学院毕业以后，满腔抱负，认为自己一定能做出成绩、成就一番事业。然而，令她感到遗憾的是，她的第一份工作竟然是一家地产公司的电话接线员。费奥瑞娜每天的主要工作就是打印、复印、端茶倒水和整理文件，想到女儿这样一个从名牌大学出来的毕业生竟然做这样的工作，她的父亲很不满。然而，费奥瑞娜自己并不这样想，她勤勤恳恳地工作，并且没有放弃学习。有一天，公司的经纪人向费奥瑞娜问道："你能否帮忙写点文稿？"卡莉·费奥瑞娜点了点头，凭着这次撰写文稿的机会，她展露了自己卓越的才华。在以后的日子里，卡莉·费奥瑞娜不断向前发展，后来成为了惠普公司的CEO。

卡莉·费奥瑞娜刚开始进入社会的时候，不受重视，只能替人打杂跑腿，接受无端的批评、指责，得不到提携，处于自生自灭的过程中。但是，她并没有选择放弃，而是心有目标，并在逆境中继续忍耐，等待机遇的降临。最后，懂得忍耐的她等到了自己的机会，而早已经在心中的目标也终于实现了。

任何一个人在追寻目标的过程中，都将注定经历不同的苦难、荆棘，那些被困难、挫折击倒的人，他们必须忍受生活的平庸；而那些战胜苦难、挫折的人，他们能够突出重围，赢得成功。对于我们来说，要明确自己的目标，并且要朝着目标前进，在追寻目标的过程中，学会忍耐，因为忍耐是对胜利的一种执着。

杨润丹是美国杨氏设计公司的总裁，同时，她也是一位资深生活设计师。早年，她毕业于纽约大学的室内设计专业，后来在美国密歇根大学获得硕士学位。作为设计行业的领军人物，她已经从事设计工作三十年了。在工作中，她倡导创造高品质的生活，并将不同的潮流设计带到室内外的设计中。与此同时，她所创造的品牌不断发展壮大，得到了越来越多人的支持与认可。

初识杨润丹，你会发现她是一个优雅恬淡的女子：细柔的言语、恬淡的笑容。但是，随着交谈的深入，你很快就会发现她并不是一个柔弱的女子，在她的骨子里有着一份比男人更强的坚韧、执着。在受传统思想影响的社会里，女人想要做成事真的很难，她们往往比男人付出更多，却收效甚微。杨润丹说："我并不想做一个女强人，也不喜欢别人这样称呼我。在中国，大部分的女性都很优秀，而我只是找到了自己想要去坚持和努力的信仰，凭着那份坚韧与执着一步步走下去而已。"

早年，移居美国的杨润丹随着父亲第一次踏上中国，后来，由于设计工作便常常往返于中国与美国之间。随着对中国逐渐熟悉，心有志向的杨润丹决定在中国成立工程公司。刚开始创业的时候，她白天作设计，晚上去工地检查、指导、学习，回忆那段辛苦的日子，她说："一个女人在中国在北京，我们没有任何背景，没有任何关系，一开始赔光了很多钱，还生着病无数次想背包回去，可是我想这么多人跟着你，人家把工作给你，就是相信你，所以，我只能成功，不能后退。"

杨润丹，就是这样一个懂得忍耐的女子，她心中的那份认真与执着，为其成功奠定了扎实的基础。

问到成功的秘诀时，杨润丹坦言："耐性是杨氏在中国成功的秘诀。"找准了自己的目标，在追寻目标的过程中，杨润丹更学会了忍耐，并将这份忍耐当作是对胜利的执着。当然，有了这份对胜利的执着，她最终迎来了成功。

人生就像马拉松赛跑一样，只有坚持到终点的人才有可能成为真正的胜利者。著名航海家哥伦布在他的航海日记上最后总是写着这样一句话——"我们继续前进"。这话看似平凡，但也告诉了所有正在为目标奋斗的人们一个道理，实现目标需要无比强大的信心和意志力。在这个过程中，只有坚守内心的目标，付出艰辛的劳动，你才会实现蜕变、获得成功。

幸福在于人心之所向

很多人活着就是随大流，别人有的我也要有，别人做的事情，不管我是否需要，我也得去做。不说别的，就说近些年来流行的出国热潮吧，无数的孩子，在家长砸锅卖铁、省吃俭用的决心中，出国留学。出国留学真的适合每一个孩子吗？在十几岁最容易受到不好影响的年龄下，孤身一人去到举目无亲、语言不通的国外，甚至尚不知道如何照顾自己，就要独自面对一个陌生的国度，一个人艰难地生存，适应不同的语言环境，适应不同的教育风格，适应不同的学习节奏。最终，结果如何？再说说更小的孩子的命运，三岁学琴，四岁练舞，五岁开始补习英语，更有心急的家长，娘胎里就开始胎教。进了幼儿园之后，音乐、美术、舞蹈、英语齐上阵。再到了小学，奥数班、作文班、英语班等，一样不能落下。现在还有几个父母是基于孩子的兴趣去选择兴趣班，又有几个父母在孩子接受义务教育之后淡定地没有报补习班的？我们已经完全不知道自己想要什么了，只知道跟随着别人的脚步，一刻不停地朝前走。

那么，活着如何实现幸福呢？幸福不是亦步亦趋，而是跟随自己的内心。现代人之所以距离幸福越来越远，就是因为不明白自己的真心。试想，你得到的都是别人想要的，你能幸福吗？所以，幸福的真谛在于得到自己想要得到的，幸福的前提条件就是清楚自己的内心。在忙忙碌碌的生活中，我们不妨停下来，安静下来，问问自己："我想要什么？我想要怎样的生活？"如果你喜欢忙碌和快节奏，那么你尽可以削尖了脑袋往大城市挤，如果你喜欢安静的生活和闲适的情趣，那么你不如退居二三线城市，在工作之余，做做自己想做的事情。如果你追求物质的极大满足，那就要不遗余力地挣钱，如果你觉得陪伴家人比一切都重要，那么就不要奢望在物质上多么奢侈。其实，一个乞丐讨到一碗热饭的幸福，可能远远胜于一个富翁又挣了一个亿。所以，幸福的衡量标准不完全是物质的丰足，而在于人心之所向。

刘烨是在上海读的大学，大学毕业后，他留在了这个熙熙攘攘、灯红酒绿的大都市。每天，他和大多数人一样，过着快节奏的生活。早晨五点起床，乘坐渡轮过江，再坐地铁辗转来到公司。虽然公司规定是六点下班，但是不加班的日子几乎没有，所以，刘烨的夜晚总是在往家奔波的地铁和渡轮上。毕业几年来，他几乎从未看过电视，到家倒头就睡。即使节假日，公司也常常加班，所以，他已经两年没回云南老家和父母一起过年了。

又是一年春节，刘烨加班干完手里的活儿，只有三天的假期，即使坐飞机，也来不及往返家中。因此，他只能再次在电话里给父母拜年。电话那头的妈妈哽咽着说："宝儿，你都三年没回家过年了，我和爸爸都快忘记你长什么样子了。我们俩过年，一点意思都没有，连年夜饭都不想做了。"听到妈妈的话，刘烨潸然泪下。他不是一个孝顺的孩子，他让父母伤心了。

经过一段时间的考虑，刘烨辞去了上海的工作。他带着在上海打拼这些年的积蓄，回到四季如春的云南老家，开了一家茶馆。爸爸妈妈每天在他的茶馆里帮忙，一家三口守着茶馆，守着云南的一米阳光。从快节奏的都市生活一下子坠入凡尘，刘烨开始的时候颇有些不适应，然而，他很快就喜欢上了这种慢节奏的生活。几年之后，他结婚成家，有了孩子，每天都有几个小时的时间陪伴孩子，在茶馆的院子里种花养鱼，陪伴父母晒晒太阳。刘烨知道，自己虽然失去了繁华的上海梦，却得到了更多更多金钱买不到的美好感受。

其实，刘烨骨子里还是喜欢这样的慢生活，也非常孝顺父母。假如现在换一个人，换一个喜欢都市生活的人突然慢下来，也许恨不得马上就回到大上海去，继续坐渡轮，挤地铁，抢电梯打卡。每个人的追求不一样，所以对于幸福的定义也不一样。

不仅工作如此，生活如此，在很多事情上，人和人之间都存在着这样的差异。我们不能说某种生活就一定是好的，我们只能说，你要问问自己，你现在的生活是不是自己想要的，如果不是，那么你想要的生活是怎样的。

人生，如白驹过隙，我们只有尽早活明白了，才能更好地享受人生。

没有懒惰的人，只有缺少明确目标的人

细心的人会发现，那些所谓的成功者，其实并没有多么异于常人的地方。看起来，他们也是普普通通的平凡人，根本没有太特别的出色之处。这与人们平时所认为的“成功者与失败者的差距就在于天赋”截然不同。那么，既然成功者并没有过人之处，他们又是如何在平淡无奇中获得成功的呢？其实，成功者与失败者之间最显著的差别在于：成功者总是有着明确的目标，而失败者总是在混沌度日中浪费宝贵的生命，最终一事无成。

很久以前，山里有座寺庙年久失修，已经破败不堪了。方丈决定修葺寺庙，从而使香火更盛。在经过一段时间的忙碌后，寺庙的大堂已经修缮一新，但是院子里的一棵树遮天蔽日，恰恰挡住了大堂的阳光，使得整个大堂十分昏暗。思来想去，方丈决定砍掉这棵大树。一天，他喊来大徒弟和小徒弟，让他们合力完成这个艰巨的任务。大徒弟和小徒弟领命而去，各自拿着一把斧头来到院子里。正当准备砍树时，大徒弟却发现自己的斧头卷刃了，不够锋利。因而，他对小徒弟说：“你等着，我去找木匠借一把斧头。”小徒弟劝大徒弟等到砍完树再借斧头，大徒弟不以为然地说：“哎，磨刀不误砍柴工，难道这个道理你不明白吗？”说完，大徒弟就去山下找木匠借斧头了。

到了木匠家里，大徒弟说明来意，不想，木匠的斧头前一

天也用坏了。不过，木匠愿意把自己的锯子借给大徒弟用，但是大徒弟坚持说："锯子怎么能砍树呢！这样吧，我去找铁匠修斧头。"说完，大徒弟就来到铁匠家里。铁匠听完大徒弟说明来意，抱歉地说："我家没有炭火了，没法锻造斧头。"大徒弟说："我去帮你找炭，你等着！"然而，烧炭的人也已经很久没有进山拉木头了，因为他的牛走丢了，所以他没法运送木头。听到这里，大徒弟义不容辞地说："我去帮你找牛吧。"说完，大徒弟就走进深山老林，四处帮烧炭的人寻找走丢的牛。几天之后，方丈看到院子里的大树还在，不由得质问小徒弟是怎么回事。小徒弟告诉方丈："大师哥去深山里给烧炭的人找牛了……"方丈惊讶极了，等到知道真相之后，不由得连连摇头。

在这个事例中，大徒弟在找木匠借斧头之后，就全然忘记了自己最初的目标。他先是帮木匠找铁匠修斧头，接着又帮烧炭的人寻找走丢的牛，却根本想不起来自己只是想要砍树。最终，他非但没有完成方丈交代的任务，甚至差点把自己丢在漫无边际的大森林中，这就是迷失。

生活中，有很多人在最初的时候都是目标明确的，但是在实现目标的过程中，他们因为很多因素的干扰，渐渐忘记了目标。他们变得随波逐流，最终距离成功越来越远。毫无疑问，生活的情况千变万化，的确让人应接不暇。然而无论怎么转化，我们都不能忘却初心，否则，我们的奔波忙碌还有什么意义呢？曾经有心理学家进行过专门的调查，发现真正目标明确的人只占到百分之三。这些极少数的人，总是能够朝着目标坚定不移地前进，即使遭遇坎坷和挫折，也从不会轻易改变。他们，最终获得成功，成为极少数的成功人士。相反，剩下的百分之九十七的人，要么目标不明确，要么没有目标，或者即使有目标，也会渐渐迷失。最终，他们精神空虚，碌碌无为，白白浪费了宝贵的生命。

虽然时间对于每个人都是公平的，不管人们是有钱有势，还是一贫如洗，时光都毫不留情地匆匆流去。但是，时间对于每个人的意义是完全不同的。有些人在流逝的时间里充实自己，有些人则只是在岁月的沉淀里虚长几岁而已。如果时间对于我们而言只是年龄的增长，那么这就是虚度。和遥远的成功相比，目标就是成功的起点。我们要想成功，首先要为自己构筑起点，然后才能不遗余力地朝前奔去。如果担心不小心忘掉目标，我们不如采取一些方式帮助自己牢牢记住目标，诸如把目标贴在显而易见的地方，就像每位高三老师都会在教室贴上倒计时一样。有的时候，我们还可以经常默念自己的目标，如此潜移默化地强化，对于实现目标有莫大的好处，从现在开始，行动起来吧！

第 04 章

你在努力路上的坚守，定不会被辜负

生活中，可能一些人和事会辜负你，但唯有你的努力不会白费，只要坚持下去，往往会有意想不到的收获。当我们需要去做一件事情时，就要有坚持到底的勇气，如果中途选择放弃，那只能让前面的努力付诸东流。

只要你坚持，总有一天你会更优秀

我们都知道，任何目标的实现都需要建立在坚持的基础上，百分之九十的失败者其实不是被打败，而是自己放弃了成功的希望。任何一个年轻人都要记住，在追求梦想的过程中，无论你遇到了什么，都要咬紧牙关，不要放弃最后的努力。因为成功与不成功之间的距离，并不是一道巨大的鸿沟，它们之间的差别只在于是否能够坚持下去。

“生命不息，奋斗不止”，这句话不应只是成功者的做事原则，也应该成为每个渴望实现卓越人生的人的共识。只要你坚持，总有一天你会变得很棒的。

诺贝尔奖获得者巴斯德曾豪迈地宣称：“告诉你达到目标的奥秘吧，我唯一的力量就是我的坚持精神。”需要持之以恒的原因就在于，世上凡是有价值的事情通常都是有一定难度的，不可能一蹴而就，因此只有持之以恒才能完成。

作为美国前职业棒球明星，威廉·怀拉在40岁时因体力不济而告别体坛另谋生路。他琢磨着，凭自己的知名度去保险公司应聘推销员应该不会有什么问题。可结果出乎意料，人事部经理拒绝道："吃保险这碗饭必须笑容可掬，但您做不到，无法录用。"

面对冷遇，怀拉没有打退堂鼓，他决心像当年初涉棒球领域那样从头开始学习"笑"。由于天天要在客厅里放开声音笑上几百次，邻居产生了误解：失业对他刺激太大，他神经出了问题。为了不干扰邻居，他只好把自己关进卫生间里练习。

过了一个月，怀拉跑去见经理，当场展开笑脸。然而得到的仍是冷冰冰的回答："不行！笑得不够灿烂。"

怀拉天生就是一个执着的人，他回到家里继续苦练起来。一次，他在路上遇见一个熟人，非常自然地笑着打招呼，对方惊叹道："怀拉先生，一段时日不见，您的变化真大，和以前判若两人了！"

听完熟人的评论，怀拉充满信心地再次去拜见经理，笑得很开心。

"比以前好点了。"经理指出，"然而还不是真正发自内心的那一种。"

怀拉不气馁，再接再厉，最后终于如愿以偿，被保险公司录用。这位昔日的棒球明星严肃冷漠的脸庞上，绽放出发自内心婴儿般的笑容。那笑容是那样天真无邪，那样讨人喜欢，令顾客无法抗拒。就是靠这张并非天生而是苦练出来的笑脸，怀拉成了全美推销保险的高手，年收入突破百万美元。

威廉·怀拉发自内心地说：“人是可以自我完善的，关键在于你的热情。”

任何人都会有热情，不同的是，有的人只有30分钟的热情，有人的热情可以保持30天，而一个成功者却能让热情持续30年乃至终生。热情能激发出我们的潜能，让我们发挥出无穷的活力，是热情让人笑迎挫折，最终成功。

事实证明，任何一个目标坚定的人，都不会迷茫，更不会中途放弃。一个人要想获得人生的幸福，那么每一天都应该勤奋工作。付出不亚于任何人的努力是一个长期的过程，只要坚持就一定能够获得不可思议的成就。你需要在现实生活中有针对性地磨炼自己的恒心和意志力：

1.勤奋进取

你要记住，既然年少，就难免贪玩，但这不能成为我们懒惰和不进取的理由。时间要靠自己把握和积累，哪怕只是利用自己一些空闲的时间，哪怕你已经人到中年，你也一样可以弥补年轻时的遗憾，甚至获得意想不到的成就。只有不断更新自己的知识结构，才可能不断提升自己。

2.不断学习，并把学习深入贯彻到生活中

成功，取决于人的能力，而能力，则取决于人的学习——归根到底，成功取决于学习。不断地学习知识，正是成功的奥秘！

但学习来不得半点虚伪，只有把学习融入到生活中，引起足够的重视，才能有所成效。

3.告诉自己，做事一定要有始有终

这是一种自我认知上的锻炼，如果你认为自己是个做事虎头蛇尾的人，那么，在日常学习和做事时，你就应该有意地改正，并反复暗示自己："做事一定要有始有终，否则，就可能造成自己无法承担的后果。""不要这山看着那山高，这样会一事无成。""坚持就是胜利。"长时间下来，你就能培养出持之以恒、认真负责的好习惯。

4.有针对性地"磨炼"

你可以采取一些措施，有针对性地"磨炼"自己的浮躁心理。比如，以下几种活动都能很好地练就做事坚持的好习惯：练习书法，学习绘画，弹琴，解乱绳结，下棋等。

5.遇到困难，汲取教训，改善求进

成功有成功的经验，失败必当有失败的教训，这是不变的真理。在排除外在因素的情况下，如果你失败了，你需要做的第一步就是暂时停下来，思考自己为什么会失败。大剧作家兼哲学家的萧伯纳曾经写道："成功是经过许多次的大错之后得到的。"找到了问题出现的原因，你也可以破茧成蝶、振翅翱翔！

总之，在追梦的过程中，年轻人，记住永远都不要放弃心中的希望，如果遇到困难，把困难当成人生的考验，不要在困难面前茫然退缩，更不要不知所措迷失自己，满怀希望地为着自己的梦想而努力，相信终有一天，你会走出低谷，走向光明。现实是美好的，但又是残酷的，关键在于，面对困难，你是否具有韧性，能否坚持到底。

每天努力一点点，成功是厚积薄发

如果你去过乡下，你可以发现，屋檐之下是石头砌成的平台，而屋檐上是瓦片铺盖而成的屋顶。每当下雨的时候，天上的雨水降落下来，滴在屋檐上，水珠就会顺着瓦檐流下来，好像珠子串成的帘子一样，水珠滴落的地方，经过这样长年累月的打磨，坚硬的石头竟然出现一些小坑洼。那是多么神奇的力量，柔弱的水珠，竟然可以将石头滴穿？其实，不要为此感到惊讶，因为这就是“滴水穿石”的真实现象。大自然的这些神奇力量一样可以引申到我们生活中，在生活中，那些可以忽略不计的力量，如果一点点凝聚起来，该是多么强大的力量。不论是做人还是做事，我们都需要坚信水滴石穿的真理，坚守时间的打磨，终有一天，我们能够顺利地采摘成功的果实。

的确，任何一个真正能成大事的人，必定是内心坚韧的人。我们只要有坚韧的品质，就能忍耐一切，如此，即便遇到痛苦和灾难，我们也不会熄灭内心的梦想之火，最终，我们会看到明日的成功。

如果你怀着消极的心态去生活，不仅对成功没有半点促进作用，还会阻碍自己前进的脚步。对此，不少成功者曾说，做事切记要有长性，不懂得坚持，正是一些人一生平庸的根源。

人生旅途上沼泽遍布，荆棘丛生。也许会山重水复，也许会步履蹒跚，也许，我们需要在黑暗中摸索很长时间，才能找寻到光明……但这些都算不了什么，任何人，只要你做到不放弃，知道自己要什么，该干什么，那么就应该勇敢地去敲那一扇扇机会之门。

被人们誉为“文学之父”的杰克·伦敦小学毕业后，就进了一家罐头厂当童工，每天在非人的条件下要工作十八九个小时，直到深夜才拖着疲劳不堪的身子回家。杰克·伦敦17岁时，受雇到一条小帆船上当水手，不久，他因为“无业游荡”被捕入狱当苦工。

出狱后，杰克·伦敦刻苦自学。20岁时，靠自修考上了加利福尼亚大学，可是，只读了一个学期，便因缴纳不起学费退学。退学后，他一边在洗衣店做工，一边开始业余写作，希望用稿费来弥补家用。

后来，杰克·伦敦又随众人到遥远的阿拉斯加去当淘金工人。他历经千辛万苦，由于缺乏营养、劳累过度患了坏血病，下肢几乎瘫痪。但是，苦难的刺激与磨炼，使杰克·伦敦成为了一个具有特殊气质的作家。成为职业作家后，他十六年如一日，每天工作19个小时，一共写了50本书，其中仅长篇小说就有19部。他的作品充分表现了人同困难的斗争，人处于各种逆境中的反抗，给20世纪初的文坛带来了一股生机勃勃的力量。

一个小学毕业的残疾人最终成为人们敬仰的文学家，必定尝尽了种种困苦与折磨。而翻开中国历史，汉代司马迁身受腐刑志不移，直面残酷逆境写《史记》；越王勾践卧薪尝胆复国体。当然了，你不会成为第二个司马迁或是勾践，但这些人在强大的外在困难下，都能屹立不倒，并完成自己的梦想，这难道不是在向我们展示着一个道理吗？人生风雨路上，不仅有高山峻岭，有湍急河流滩涂，有三岔路口十字街，有荆棘坎坷沟壑万千，还有坦途，有金光大道。或许现在的你也正为梦想而奋斗，也或许你正饱受逆境的折磨，但你不妨像杰克·伦敦一样，跨过困难，你一定能在逆境中来个180度大转弯。

任何一个人在追寻目标的过程中，都注定会经历不同的苦难、荆棘。

唐代诗人李白，幼年时喜欢读那些经书、史书，但那些书都十分深奥，他一时读不懂，便觉得枯燥无味，于是，他索性丢下书，逃学出去玩。

有一次，他一边闲游闲逛，一边东瞧西看。这时他看见一位老奶奶坐在磨刀石的矮凳上，手里拿着一根粗大的铁棒子，在磨刀石上一下一下地磨着，满脸专注的神情，以至于李白在她旁边蹲下都没有察觉。李白不知道老奶奶在干什么，便好奇地问："老奶奶，您这是做什么呢？"老奶奶头也没抬，简单地回答说："磨针。"然后依然认真地磨着手里的铁棒，李白觉得不明白，惊讶地问："磨针？"老奶奶手里磨着的明明是一根粗铁棒，怎么会是针呢？

看了一会儿，李白忍不住问："老奶奶，针是非常非常细小的，而您磨得是一根粗大的铁棒呀！"老奶奶一边磨一边说："我正是要把这根铁棒磨成细小的针。""什么？"李白有些意想不到，他脱口就问，"这么粗大的铁棒能磨成针吗？"这时候，老奶奶才抬起头来，慈祥地望着李白，说："是的，铁棒又粗又大，要把它磨成针是很困难的，可是我每天不停地磨呀磨，总有一天，我会把它磨成针的，孩子，只要功夫下得深，铁棒也能磨成针呀！"

当时的小李白悟性很高，听了老奶奶的话，一下子明白了很多。他心想：对啊，做事情只需要有恒心，天天坚持去做，什么难事都是容易做成的。读书也是这样，虽然有不懂的地方，但只要坚持多读，天天读，总会读懂的。想到了这里，李白感到很惭愧，于是，他拔腿就往家里跑，重新回到书房，翻开原来读不懂的书，认真地读起来。

“铁棒磨成针”和“滴水穿石”的道理是一样的，李白正是靠着这样的耐力，攻读百书，才铸就了后来的诗仙。在生活中，不管我们遇到多大的难事，都不要畏惧，不要退缩，而要勇敢地向前，每天努力一点点，长年累月，累积起来的力量足以干成任何大事。哪怕是一点点的力量，经过时间的积累，也会凝聚成一股强大的力量，而这正是推动我们走向成功的力量。

总之，做成一件事情，必然要经历挫折与困难，在这时若是不够坚韧，缺乏执着的精神，那么，事情肯定不会成功。

勤能补拙，但勤奋贵在坚持

我们每个人都有梦，自打我们还在孩提时代时，我们就在编织着属于自己的梦。梦想，就像我们人生的航标，黑暗中指引我们前进的明灯。但追求梦想的过程是艰辛的，有的人甚至用一生来完成一个梦，但无论如何，只要我们坚持梦想，不轻易放弃，即便是慢吞吞的蜗牛也能成功。所以，任何一个还在追梦路上的人，别担心，只要你有梦想，慢一点完成也会成功。

伟大的发明家爱迪生就是一个从不言败的人，他曾经长时间专注于一项发明。对此，一位记者不解地问：“爱迪生先生，到目前为止，你已经失败了一万次了，您是怎么想的？”

爱迪生回答说：“年轻人，我不得不更正一下你的观点，我并不是失败了一万次，而是发现了一万种行不通的方法。”

在发明电灯时，他也尝试了一万四千种方法，尽管这些方法一直行不通，但他没有放弃，而是一直做下去，直到发现了一种可行的方法为止。他证实了大射手与小射手之间的唯一差别：大射手只是一位继续射击的小射手。

事实证明，任何一个取得成功的人，都付出了超乎常人的努力。一个人要想获得人生的幸福，每一天都应该勤奋工作。付出不亚于任何人的努力是一个长期的过程，只要坚持就一定能够获得不可思议的成就。

小李是个很勤奋的小伙子，在获得企业管理的硕士学位后，就开始在一家国际性的生物科技公司工作，因为学历背景好，他刚进公司，就被安排在了管理层的职位上，这当然会让很多资深的老员工不满意，也包括那些和他年纪相当的小伙子，因为他们还在基层摸爬滚打，为了服众，小李请求也从基层做起，这令上司很欣赏。

然而，小李并不聪明，甚至是笨拙的，在很多业务问题上，他总是做得很慢。小李的迟钝是明显的，为此，他的上司也开始为他着急：“抓紧点，小李，动作快一些！”

然而，小李似乎还是那么慢条斯理，永远都不着急。看到小李蜗牛般的速度，人们开始不满，并用各种语言嘲笑他：“如果小李去当快递员的话，那么，我们永远别指望收到东西了。”

即使他们这样说，小李也没有生气，也没有说任何话，还是按照自己的进度工作、学习。

就这样，小李来公司已经半年了，此时，公司决定举行一场专业知识和业务能力考试，而第一名将会被选拔为公司储备干部。

令大家奇怪的是，平时少言寡语、工作速度缓慢的小李却一举夺得了第一名，此时，他们才明白，做得多才是成功的硬道理。

故事中的小李是个争气的职场新人，他做事慢条斯理、不缓不慢，好像一个慢吞吞的蜗牛一样。他看似愚笨，甚至被对手嘲笑，但他专心做自己的事，最终，他用行动证明了自己才是最优秀的，这是一种值得每个渴望成功的人学习的精神。

的确，当今社会是一个快节奏的社会，凡事讲究效率，在城市的高楼大厦中，人们都希望在最短的时间内取得事业的成功。然而，任何目标的完成绝不是一蹴而就的，梦想的实现，更需要我们付出努力，做到坚持，做到干一行，爱一行，这样才能在该领域内取得成就。

在日本的一家小型工厂里，有一位工人，他并没有什么学历，但总是勤勤恳恳地工作。

上司告诉他：“这件事需要这么做。”那么，他就会这样做。而假如上司让他那样做，他就会选择另外一种方式。他的话并不多，但只要上司说的，他都会用心记下来，他总是埋头做自己的事，双手沾满油污，但总无牢骚，也毫无怨言，而只是孜孜不倦地完成枯燥的工作。

就这样，一晃二十几年过去了，当他已经离职的老上司来工厂看到他时，居然吃了一惊。当初这位员工是多么默默不闻，他只是踏踏实实从事单纯枯燥的工作，而现在居然成为了工厂的经营部部长。关键是，令他惊奇的不仅是他的职位，而且言谈中他体会到，这位工人已经是一个颇有人格魅力且很有见识的优秀的领导，“取得今天这样的成就，你很棒！”

的确，这位工人看上去毫不起眼，只是认认真真、孜孜不倦、持续努力地工作。但正是这种坚持，使他从平凡变成了非凡，这就是坚持的力量，是踏实认真、不骄不躁、不懈努力的结果。

然而，现实生活中，我们发现，有这样一些人，他们似乎总是心浮气躁，他们有太多的空想，他们要么同时对很多事都感兴趣，要么当手头事出现阻碍时就把目标进行转移。但是，任何目标的实现，不仅需要耐心地等待，还必须坚持不懈地奋斗和百折不挠地拼搏。切实可行的目标一旦确立，就必须迅速付诸实施，并且不可产生丝毫动摇。

为此，我们需要明白一个道理，慢吞吞的蜗牛也能取得成功，切忌心浮气躁。不要有太多的空想，而要专注于眼前的工作。阿雷·谢富尔指出：“在生活中，唯有精神和肉体的劳动才能结出丰硕的果实。奋斗、奋斗，再奋斗，这就是生活，唯有如此，才能实现自身的价值。我可以自豪地说，还没有什么东西曾使我丧失信心和勇气。一般说来，一个人如果具有强健的体魄和高尚的目标，那么他一定能实现自己的心愿。”

通常来讲，越是有所追求、想干点事的人遇到的烦恼和痛苦可能就会越多，凡事达观一点，看开一点，相信自己，终会心想事成。所以，对于你所追求的目标，不妨多给自己一段时间，慢慢来，最终也会收获颇丰！

努力奔跑，岁月不会亏待你

我们都知道，任何事情的发展都是有规律的，人们的主观愿望与实际生活也总是有差距的。就像自然界的植物，它们需要每天进行光合作用，接受甘露的灌溉，才能获得成果。其实，不仅是植物的成长，我们所做的每件事也是如此，是有一定规律的，我们需要做的只是努力，剩下的就交给时光。这是一种大气和洒脱，是一种从容和淡定。

生活中的人们，当下的你可能正处于困惑之中，可能你对现在所从事的事感到迷茫、觉得毫无希望，但是你可曾问自己：我做到百分之百的努力了吗？如果答案是肯定的，请别焦躁，坚持下去，该有的总会有，成功总有一天会找到你。

所以，我们千万不可把自己的主观意愿强加于客观的现实中，我们应该学会随时调整主观与客观之间的差距。努力奔跑凡事顺其自然，努力至为重要。

从前，宋国有个农民，他做事总是追求速度。因此，对于田间的秧苗，他总觉得长得太慢，于是，他闲来无事时，就会到田间转悠，然后看看秧苗长高了没有，但似乎秧苗的长势总是令他失望。用什么办法可以让秧苗长得快一些呢？他思索半天，终于找到一个他自认为很好的办法——我把苗往高处拔拔，秧苗不就一下子长高了一大截吗？说干就干，他就动手把秧苗一棵一棵拔高，他从中午一直干到太阳落山，才拖着发麻的双腿往家走。一进家门，他一边捶腰，一边嚷嚷："哎哟，今天可把我给累坏了！"

他儿子忙问："爹，您今天干什么重活了，累成这样？"

农民洋洋自得地说："我帮田里的每棵秧苗都长高了一大截！"他儿子觉得很奇怪，拔腿就往田里跑。到田边一看，糟了！早拔的秧苗已经干枯，后拔的也叶儿发蔫，耷拉下来了。

揠苗助长，愚蠢至极！每一棵植物的成长都需要一个过程，需要我们每天辛勤地浇灌、耕耘等，才能获得成果。每一个生命的成长也如此，千万不要违背规律，急于求成，否则就会欲速则不达。

其实，不光是这个农民，在现实生活中，我们也能看到不少人内心焦躁不安，尤其是当他们发现自己努力过后依然看不到希望时，他们要么打退堂鼓，要么感时伤事，开始处于迷茫混沌之中。其实只要你勤勤恳恳、不放弃，那么，只要你努力，然后静静地等待，时间总会回报你。

在生活中，真正的赢家并不是那些聪明的人，而是那些笨的人。因为他们认为自己不够聪明，勤能补拙，所以他们苦干，最终有了自己想要的生活，而相反，那些自以为聪明的人，喜欢要小聪明，看到周围的人有更巧妙的方法，他们就投机取巧，似乎这样就显得比别人聪明一点，而最终他们往往输得很惨，所以和智慧比起来，实干更加不可或缺。

罗马纳·巴纽埃洛斯是美国第34任财政部长。曾经她是一位贫穷的墨西哥姑娘，她16岁就结婚了，婚后有了两个儿子，然而，这场婚姻很快就结束了。

在当时的巴纽埃洛斯看来，最重要的就是能养活儿子，并带给他们体面的生活，所以，她怀揣身上仅有的7美元，来到了洛杉矶。

最初她做洗碗的工作，后来找到什么活就做什么，拼命攒钱直到存了400美元后，便和她的姨母共同经营玉米饼店，结果非常成功，并开了几家分店。后来，她经营的小玉米饼店铺成为了全国最大的墨西哥食品批发商，拥有员工300多人。

在经济上有了保障之后，巴纽埃洛斯便将精力转移到提高她美籍墨西哥同胞的地位上。她和许多朋友在东洛杉矶创建了“泛美国民银行”，这家银行主要是为美籍墨西哥人所居住的社区服务。后来，银行资产增长到2200多万美元，而她的成功确实来之不易。当初，有人告诫她说：“美籍墨西哥人不能创办自己的银行，你们没有资格创办一家银行，同时永远不会成功。”就连墨西哥人也说：“我们已经努力了十几年，总是失败，你知道吗？墨西哥人不是银行家呀！”

但是，她始终不放弃自己的梦想，努力不懈。如今，这家银行取得伟大成功的故事在洛杉矶已经传为佳话，巴纽埃洛斯也成为了美国第34任财政部长。

可见，人只有在内心坚定自己的目标，才会找到方向，才能忍受长时间的等待，才能一心向前。

其实，任何一种本领的获得、一个人生目标的实现都不是一蹴而就的，而是需要一个艰苦历练与奋斗的过程。正所谓“宝剑锋从磨砺出，梅花香自苦寒来”，任何急功近利的做法都是愚蠢的，做任何事情都要脚踏实地，一步一个脚印才能逐步走向成功，一口是永远吃不成一个胖子的。急于求成，只能适得其反，结果只能功亏一篑，落得一个拔苗助长的笑话。

人们常说“一心不能二用”，的确，一个人在他心烦气燥，或急于求成，或六神无主的时候，无论如何也不能把事情做好。要想做好事情，就得专心，有条不紊。人做事应该尽求完美，做一件事就专心致志，那样才能享受到做完事情的快乐和成就感，而你的心情也会愉快，能力也会相应地提高，心态也会相应地平和起来，如果每件事情都能这样做下去，形成一个良好习惯，那么你以后做什么事情都可以有条不紊，思路清晰。

相反，如果你三心二意，在做一件事情的时候，心绪不宁，只想把它快点做完，只会欲速则不达，最后的结果就是，事情都没有做好，心情还会烦躁，不痛快。如果长期这样，你的做事效率就会越来越低，心态也会越来越浮躁。久而久之，你的能力也会变得很差。

总之，我们需要记住，无论做什么，太想成功的人，往往很难成功，太想实现目标的人，往往不容易实现目标，过于注意就是盲，欲速则往往不达，凡事不可急于求成。相反，以淡定的心态对之，处之，行之，以坚持恒久的姿态努力攀登，努力进取，成功的概率反而会大大增加。

历经艰难时刻，终将迎来鲜花和欢乐

在人生的道路上，要想取得成功，最重要的是什么？能力、才华、聪明、智慧、人际关系、人脉资源、努力、勤奋还是有一颗经常灵光闪闪的脑袋瓜子？这些都很对，不过，漏掉了很重要的一点，那就是——坚持。不管你是自己创业当老板，还是在公司里当一个普通的职员或者身居要职的管理者，抑或你在生活里做什么事情，要想成功，都离不开坚持。你不坚持，无法跑完爱情的马拉松，迎来幸福美满的婚姻；你不坚持，无法熬过创业初期最艰难的时刻，迎来柳暗花明的成功；你不坚持，不能在误解中继续证明自己，最终获得公司领导的赏识和提拔……就像失败是成功之母一样，你只有坚持，才能度过种种艰难的时刻，迎来你想要的结果。

不能坚持的人，往往会半途而废，没有顽强的毅力，一遇到困难就想退缩。不是有位名人说过嘛，困难像弹簧，你弱它就强。只有我们足够坚强，困难才会在我们面前知难而退。当然，所谓的坚持并不是固执，固执是不论对错的盲目坚持，我们所说的坚持，是在分析现实情况之后作出的理智决定，是一种明智的坚持。可以说，古往今来，任何成功都离不开坚持。没有坚持，司马迁无法完成巨著《史记》，李时珍无法耗费半生完成《本草纲目》，莫言也不可能获得诺贝尔文学奖，华罗庚不可能成为伟大的数学家……任何伟人伟大的成就背后，都写满了坚持的血泪。每一条成功的道路，都不会是一帆风顺的坦途，每一个成功者的背后，都绝不仅仅是鲜花和欢乐。伟人尚且如此，更何况是我们呢？所以，我们应该更加努力和勤奋，更加坚持不气馁，只有这样，我们才会更加接近成功。

从前，有个牧羊人非常贫穷，每次放羊，他都带着自己两个年幼的儿子。

一个阳光明媚的午后，牧羊人带着儿子，赶着羊，来到了山坡上。他们把羊引到水草肥美的地方吃草，便躺在草地上晒太阳。突然，天上飞过一队大雁，大雁排着整齐的队形，很快就消失在茫茫的天边。小儿子问牧羊人："爸爸，大雁去哪里啊？"牧羊人回答："天渐渐冷了，大雁要飞去温暖的南方，在那里，它们不用担心挨冻，可以度过一个温暖的冬天。"听到牧羊人的回答，大儿子的眼里泛着光，兴奋地说："如果我能飞，那就太好了！"小儿子也激动地说："哥哥，哥哥，我也想飞！"

牧羊人沉默片刻，告诉儿子们："只要你们特别特别想飞，你们就能飞了。"

儿子们听到父亲的话，都站了起来，迫不及待地张开双臂，想飞起来。然而，他们试了很多次，都失败了，他们疑惑不解地问牧羊人："爸爸，我们真的真的很想飞，为什么还没飞起来呢？"牧羊人说："让我试试，一定能飞起来！"说完，牧羊人也张开双臂，尝试着飞翔。然而，他飞了很久，都没有飞起来。不过，他毫不气馁，而是对儿子们说："孩子，我年纪太大了，所以飞不起来。但是你们还很小，只要你们想飞，你们是一定可以飞起来的。到时候，你们不管想去哪里，都可以飞过去。"

就这样，牧羊人在两个儿子的心里种下了飞翔之梦。儿子们始终记得父亲的叮嘱，而且不停地练习着飞翔。他们不停地遭受失败，不停地受到打击，但是从未放弃过。他们的坚持最终换来了回报，有一天，36岁的哥哥和32岁的弟弟真的飞起来了，他们乘坐自己发明的飞机实现了飞翔之梦。他们，就是美国的莱特兄弟。

如果说各行各业都需要坚持，那么无疑，发明创造是最需要坚持的一项事业。进行发明创造的人，一定是在经历过无数次的失败之后，才找到了一丝丝胜利的曙光的，而从发现曙光到真正走向胜利，又是一个漫长艰辛的过程。

作为世界上唯一两次获得诺贝尔奖的女科学家，居里夫人把自己的一生都献给了科学事业。为了研究，她经常接触放射性物质，最终患了白血病，失去了宝贵的生命。居里夫人的研究经常遇到困难，有的时候一项实验反复进行成千上万次也未必能够成功，但是她坦然面对失败，继续努力，从不曾放弃。正是因为这样的精神，她才在人类的科学史上留下了自己的名字。

作为普通人，虽然我们不会像伟大的科学家、发明家那样青史留名，然而，在我们普通的人生之路上，我们依然希望自己能够得到更多的成功。这样的成功也许不会惊天动地，却会使我们的人生变得更加绚丽多彩，更加有滋有味。所以，不管做什么事情，只要我们选择了，就应该坚持。不坚持，唯一的结局就是半途而废，一事无成，唯有坚持，才能让我们距离成功近一点儿，再近一点儿，甚至直达成功。

第05章 你的勇气在哪里，成功就会在哪里

人生之路大多曲曲折折，难免会遇到坎坷。在困难面前无非有两种人，要么选择鼓足勇气，勇往直前；要么选择逃避，放弃坚持。然而，勇气在哪里，成功就在哪里，人生需要阳光和雨露，更需要勇气的支撑。

大胆迈出第一步，生活处处是惊喜

现代社会，贫富差距越来越大，有的人爬上人生巅峰，尽情享受人生的美好，还有些人则处于人生低谷，不管多么努力，都无法改变命运，这到底是为什么呢？其实，人与人天生的区别并不大，可以说每个人的天赋和能力都是相差无几的。人与人最终之所以相差悬殊，就是因为他们之中有些人能够抓住机遇，有些人则因为迟钝或者犹豫，与机遇失之交臂。

正如我们前文所说的，一切收益都伴随着巨大的风险，可以说，如果没有高风险，也就没有高收益。因此，大多数人在进行人生抉择时，总是患得患失，前怕狼后怕虎，既想要赚取利润，又害怕一着不慎导致连本金都赔进去了。那么，这个世界上有稳赚不赔的生意吗？根本没有。因而我们做人必须有主见，有自己的思想和立场。尤其是在面对千载难逢的好机会时，更要勇敢地迈出第一步，才能获得成功。有些人害怕失败，甚至因此不敢开始，殊不知，拒绝开始，虽然避免了失败，但是也与成功彻底绝缘。正所谓“一刀切”，虽然彻底隔绝了失败，但也使得成功的概率彻底为零。

毋庸置疑，人生的确是很艰难的，尤其是很多选择事关重大，更是难以进行。在这种情况下，我们必须慎之又慎，却不能杞人忧天，裹足不前。尤其是对于想要成功的朋友而言，在机遇面前更应该当机立断。要知道，我们唯有勇敢地迈出第一步，才能获得成功。

曾经，有个年轻人非常具有生意头脑，一旦得到能挣钱的消息，他就会马上不遗余力地去做，毫不犹豫。有段时间，这位年轻人听到一位普通民众说家里的垃圾没有合适的塑料袋盛放，很多买菜的袋子不是小了就是漏了，导致垃圾的污水到处流，弄得肮脏不堪。这位年轻人脑中灵光一闪，马上联系塑料厂，生产了大批的塑料袋，拿到市场上去卖，短短时间内就赚取了好几万块钱。后来，年轻人又以这笔钱开办了一个塑料厂，注册了商标，开始专业生产垃圾袋。随着经营越来越好，年轻人还开始生产商场专用的垃圾袋，以及各种餐饮企业和服务业的垃圾袋。

商机就这样转瞬即逝，假如年轻人在听到普通民众的一句抱怨话之后，脑中没有灵光一闪，那么也就不会有后来的发展和塑料厂的建立。很多时候，机遇就是以这种伪装的面目出现的，当意识到市场的存在，我们就必须抓住时机，马上进行规划和行动。

机会就如同珍珠，尤其是那些千载难逢的好机会，更是难得的机遇。但是正如珍珠生长在深海中，机会也是蒙有一层尘土的，除非具备慧眼，否则，普通人漫不经心，根本无法识破机会的真面目。因而，人们常说机会总是留给有准备的人，这也是在提醒我们必须擦亮眼睛，随时随地准备发现生活中的机会，并且要抓住机会有一番作为，这样才能改变生活，改变命运，让我们的人生更加充实。

记住，朋友们，没有任何理由可以让我们保持现状，拒绝改变。平稳的人生的确风平浪静，岁月静好，使人羡慕，但是起伏的人生也同样能把我们带到波峰，领略大海雄伟壮丽的风光。对于任何人而言，如果停止把握机会，也就意味着人生开始死亡，变得死气沉沉。尤其是现代的商业，各家企业如同雨后春笋般出现，很多企业都必须坚持不断地创新，才能继续为企业维持生命，创造价值。在如此飞速发展的社会里，企业一旦失去创新力，无异于失去生命力，离关门大吉也就不远了。

当然，人的本能就是惧怕改变，这原本无可厚非。人性有很多弱点，我们必须战胜这些弱点，才能更加积极主动地迎接和拥抱人生，挑战和超越人生，彻底地改变人生。

自我推销，沉默不再是金

在以前，人们总是把“真金不怕火来炼”“酒香不怕巷子深”这些话挂在嘴边。的确，在市场营销和广告宣传还没有那么铺天盖地的时候，人们更多地依靠口耳相传，来让自己的产品走入众人的视野，赢得众人的认可和赏识。然而，随着时代的发展，社会飞速进步，现代社会，市场营销和广告宣传已经成为了产品推广的常规手段，可以说，如果没有这两种手段，再好的产品也会被埋没。归根结底，口耳相传的力量是有限的，我们唯有保持积极主动，展开攻势，才能如愿以偿地推销出去我们的产品，从而让我们的产品举世皆知。

现代社会，不但产品需要推销，我们自身也是需要推销的。正如曾经有人所说的那样，推销员要想推销出去自己的产品，首先要把自己作为最重要的产品推销出去，赢得客户的认可，从而让接下来的推销工作水到渠成。尤其是对于那些推销保险或者房产等有贵重价值产品的推销员而言，假如得不到客户的信任，是不可能成功把自己代理的产品推销出去的。因而，古人云沉默是金，在现代社会并不能照搬过来。要知道，沉默是金的年代早就已经过去了，现代的社会更讲究自我推销，自我展示。所谓我型我秀，更是要求我们把自身的个性秀出来给他人看，这样我们才能以与众不同的个性形象得到他人的关注和认可，才能真正把我们自己推销给他人。

若干年前，有个美国著名大学管理学系毕业的学生回到国内，想要为自己找到一份合适的工作。他很中意一家大企业，因而特意拜访这家大企业的老板，想向老板推销自己。毫无疑问，这家企业规模很大，在全国范围内都很有名气，因而这家企业的老板自然也不可小觑。尽管这个年轻人毕业于美国知名大学的管理系，但是老板根本没把这个乳臭未干的小伙子放在眼里。简单交谈几句之后，老板就不耐烦地拒绝年轻人："我想，我们公司并没有什么职位适合您，还是请您另谋高就吧。"

对于老板直截了当的拒绝，这个年轻人没有气馁，而是当即调转话题，对老板说："张总，您的意思是贵公司有足够的人才，让贵公司顺利发展，飞黄腾达。而诸如我这样的黄口小儿，也许再有能力，也必须要被拒之门外是吗？"听到年轻人锐气十足的话，老板难免有些惊讶，因而也对年轻人产生了些许的兴趣。他沉默片刻，说："你不妨向我展示一下你的才华。"年轻人沉思片刻，说："我当然可以说说自己的浅见，不过张总为何又突然对我这样毫无经验和背景的初生牛犊感兴趣了呢？"看到年轻人卖关子，老板更加急不可耐，他催促年轻人说说自己的想法，年轻人这才侃侃而谈，不仅说了自己的人生规划，而且针对公司的情况提出了好几条中肯的建议！听完年轻人的话，老板当即邀请他次日到公司报到。

这位年轻人之所以柳暗花明又一村，在被拒绝之后又得到机会展示自己，就是因为他的犀利和破釜沉舟。可想而知，在知道自己毫无机会之后，年轻人心里的那些顾虑反而彻底消除，他更加放开自己，也放纵自己说出心里话。没想到，已经听惯了应聘者胆小甚微的回答的老板，恰恰对他的回答感到耳目一新，因而非常愿意给他机会秀出自己，展示自己。就这样，年轻人最终如愿以偿地谋求到了一份好工作，而且因此博得了老板的赏识，他此后的职业生涯发展得一帆风顺。

现代社会，有才华的人实在很多，但是敢于自信地秀出自我的人，则是少之又少。作为年轻人，不管是在找工作的时候，还是在日常生活中，我们一定要充满自信，敢于展示自己的风采，这样才能一改唯唯诺诺的模样，给面试官留下良好的印象。否则，我们会因为一味地谦虚错失机会，再也没有机会表现自己，从而与成功失之交臂。

年轻的朋友们，尽管沉默是金，但是沉默也是埋没人才的泥土。虽然是金子总会发光的，但是人生苦短，我们与其被泥土掩埋，不如主动走入伯乐的视野，让伯乐见识我们与众不同的风采。这样一来，我们岂不是相当于节省了宝贵的时间，更早一步让自己接近成功吗？而且，现代社会崇尚个性，讲究张扬。特别是对于身处职场的朋友们而言，更要适当地秀一秀自己，这样才能让自己进入“贵人”的视野，也许会得到贵人的鼎力相助呢！

活着就是要竭尽全力

人生在世，每个人都想要获得成功，更想成就人生的辉煌。然而，在熙熙攘攘的人群中，既有对我们坚定不移的支持者，也有对我们心怀叵测的人。尤其是在这个竞争激烈的社会，人与人之间的竞争更加频繁且激烈，我们不管多么努力，都无法讨好所有人，更无法使所有人都成为我们的支持者。这样一来，我们必须认清，人生的目的不是化敌为友。可以说，每个人在人生路上都会遭遇敌人，但是我们最重要的不是躲避敌人，也不是化敌为友，而是要在与敌人周旋的过程中增强自己的力量，让自己变得强大，真正降服敌人，使敌人对我们心服口服，最终发自内心地钦佩我们。要知道，让世界为我们喝彩的唯一方式，就是拼尽全力地活，证明自己的实力和能力，为自己成功代言。

尤其是在现代职场上，人才辈出，人才济济，但是工作的机会就那么多，而且晋升的机会更少，每个人都削尖了脑袋想要朝上爬。在这种情况下，如何才能出人头地呢？毋庸置疑，勾心斗角是少不了的。尤其是当遇到升职加薪名额有限的时候，我们就会认清楚很多人的嘴脸。哪怕在此之前你一直是出淤泥而不染的白莲花，如今也不得不打起精神，竭尽全力地生活。

有些朋友认为工作原本就很辛苦，因此根本不想因为工作中的人和事再劳心费力。殊不知，有些事情不是你想躲就能躲得过去的，除非远离人群，人们才能最大限度地远离纷争。然而，谁能不在人群中生活呢！其实，对于职场上的复杂情况，有些人却恰恰觉得很好。他们认为对手是自己实力的象征，因而能够做到坦然面对对手，从容提高自己。这样一来，他们拼尽全力地活着，非但不怨天尤人，反而能博得整个世界的喝彩声。

艾米是个很有文采的姑娘，从中文系毕业后，她如愿以偿地进入了一家图书公司当编辑。新人初来乍到，总编总是要安排老编辑带一带，因而艾米被总编安排跟随张老师学习。不想，张老师自从见到艾米就充满敌意，这一点艾米从张老师的眼神里就看到了。

接下来一个多月的时间里，张老师始终对艾米非常冷淡，哪怕艾米特意和他搭讪，或者请教他什么问题，他也对艾米爱搭不理的。就算艾米再缺乏人际交往的经验，也看得出来张老师根本不喜欢她，甚至很讨厌她。有一次，总编交给艾米和张老师一个选题，让他们俩分别根据这个选题完成一篇文章。没想到，艾米写完文章交给张老师后，张老师根本看也不想看，就放在一边了。直到后来开会，主编夸赞张老师这次的稿件很有创意，观点新颖，艾米才想到自己的那篇稿子。抱着学习的态度，她特意拜读了张老师的文章，却没想到张老师的文章和她的非常像，艾米明白自己的文章被张老师抄袭了。为此，她愤愤然找到张老师理论，不想张老师根本不以为然，还优哉游哉地说：“随你的便，或者领导还会觉得你抄袭我呢！”艾米咽不下这口气，想要辞职，但是等到她收拾好东西准备递交辞职信时，突然看到张老师脸上得意的表情。为此，她愤愤地想：“为何走的人是我，不是他呢？是他抄袭了我，我又没有抄袭他！”想到这里，艾米撕掉辞职信，决定留下来。

从此之后，艾米不再和张老师有任何交流，每当遇到不懂的问题，她都向其他同事请教。每次有写稿的任务，她也都和总编直接交流，很快，文采斐然的艾米就得到了总编的赏识。最终，总编决定提拔她代替张老师的位置，而公司在与张老师的劳务合同到期后，并没有续签。看着黯然离开的张老师，艾米在心中为自己喝彩。

人在职场，不可能处处顺心如意，尤其是当遇到自己不喜欢的人和事时，与其逃避，不如勇敢面对。否则，就算换一份工作，我们又如何能够保证自己一定会遇到喜欢的同事和领导呢！所以，与其再次冒险，不如根据现在已经把握的情况做到兵来将挡，水来土掩。这样一来，我们反而能够占据主动，避免被动。

人生并不总是能够化敌为友的，尤其是当敌人对我们虎视眈眈的时候，我们要做的不是逃避，因为我们根本无处可逃，而要迎难而上，提升自我，最终展示出我们的实力。记住，当你变得足够优秀时，整个世界都会发自内心地为你喝彩！

即使平凡，也要活出骄傲和尊严

世界是残酷的，在这个残酷的世界里，我们必须保持骄傲，才能始终昂扬。每个人的人生，都要经历一段或者几段特殊的时光。在岁月的沉淀中，我们必须昂首阔步地向前走，才能主宰人生，挣脱命运的束缚，从而更加坚定不移地勇往直前。记住，朋友们，人生在世，必须要摆正姿态，而我们的姿态就是，无论世界多么残酷，我们都要昂首挺胸，绝不屈服。

其实，从本性上来说，人人都是缺乏安全感的，安全感，对于每个人都特别重要。它就像是冬日里温暖慵懒的被窝，让人在每一个不得不起床的清晨感到无比地眷恋；它也像是夏日空调房里的丝丝清凉，使人感到沁人心脾的舒爽。很多朋友在经历了工作日辛苦的早起之后，信誓旦旦要在假日的时候赖在被窝里整整一天，最终却在睡饱了也待腻了之后，感到百无聊赖的寂寞。归根结底，被窝里除了舒适之外，还是少了些什么。你会想着是听听音乐，还是看本小说，抑或是看部电影？总而言之，你对被窝渐渐感到厌倦，甚至开始怀念外面的冷空气。这就是人的矛盾性，既向往安全感，又想要寻求刺激。所以，无数的年轻人离开温暖舒适的家乡，从父母的庇护下义无反顾地来到大城市，过着朝九晚五、路上交通至少花费三个小时的奔波生活。

他们之中，有很多人为了省钱，只能租住在郊外的城中村，还有些人为了节省吃饭的开支，不得不每天中午吃最便宜的快餐。不知道他们的梦想还能经得住多长时间的消磨，他们最终又能否成功主宰自己的人生、实现伟大的梦想呢？也不乏有人逃离北上广，再次回到偏僻的家乡，安然度过平淡无奇的一生。但是更多的人既然已经走出来，就不想沉沦下去，因此他们选择坚持，坚持，再坚持。在残酷的世界里，他们倔强地存在着，不愿意进行任何妥协。

第一次认识唐然，觉得这个小姑娘很像个小伙子。168公分的身高，60公斤的体重，再加上浓重的毛发和她嘴唇上淡淡的胡须，使她更倾向于男性。她是从网上看到招聘信息，才来我们这家小公司应聘的。当时，正好公司缺人，因为看到她条件差不多，就当即通知她次日来上班。

第一天正式上班，唐然穿着一双红色的绣花鞋。还不太熟悉的同事，也没有人讽刺她。后来，随着渐渐熟悉，有个同事调侃她："晚上要是路遇你这样的一双鞋，非得把人吓死不行。"唐然不以为然："你管得着吗？"可以看出，这个女孩骨子里有股傲气。

细心的小雅发现，唐然每天中午都不吃饭，而且美其名曰减肥。或者她会吃一根黄瓜，或者是一个西红柿，以此代替午饭。起初，大家以为她真的是在减肥，毕竟现在减肥是流行的趋势。然而，一个月后，唐然拿到了第一个月的工资，她的午饭变成了一个或者两个烧饼。再后来，两个月过去了，唐然业务能力不错，签约了好几单，因而得到了几千块钱的提成。同事们发现，她的午饭变成了鲜肉小馄饨，或者是东北大馅饺子。这时，有些同事恍然大悟，原来唐然起初并不是减肥，而只是没有钱买午饭。为此，有些年长的同事不由得对她感到心疼，毕竟，一个小女孩从东北只身来到北京打工，住着地下室，甚至连饭都吃不饱，着实不容易。由此，这些同事也想到了自己初来北京的情形，不由得暗暗祝福这个小姑娘，在残酷而又倔强的现实世界里，保持昂扬的姿态，保持心底的骄傲。

在大城市生存过的人都知道，在艰难的时候，真的有一种欲哭无泪、一分钱难倒英雄汉的感觉。尤其是像唐然这样孤身一人、无依无靠的小姑娘，为了维持生计，不得不减掉中午的午饭，却也从不向命运低头和妥协。

在这个熙熙攘攘的世界中，每个人都在属于自己的角落中演绎着属于自己的悲欢离合。很多事情，对于当事者而言，和对于旁观者而言，是截然不同的感受。当我们勇敢地打破人生的藩篱，做自己想做的事情时，当我们勇敢地走过路过，也真正创造我们的人生时，我们就是值得骄傲的。从自己的世界里昂扬走过，这就是我们人生的意义所在。朋友们，世界是残酷的，愿我们每个人都活出自己的骄傲和尊严。

成功只属于实干家，而非空想家

在这个世界上，没有人不想要得到成功，哪怕是淡泊名利的人，或者是看似没有梦想的人，实际上内心深处也是渴望成功的。可以说，渴望成功是人的本能，出于人的本性。由此一来，人们对于成功的追求也就变得理所当然。然而，成功并不是说说就能实现的，任何人要想获得成功，就必须做出切实的行动，真正对人生展开主动进攻和追击，这样我们距离成功才能越来越近。

人生，看似漫长，实际上也是非常短暂的。按照一百岁的寿命来算，人生也不过三万多天。这还没有考虑到人生的无常，各种意外和疾病总是不期而至，困扰我们的人生，阻碍我们的人生征程。在这种情况下，我们也可以说，我们每度过一天，我们距离人生的终点就更近一步。如此的紧迫感和局促感，使得我们的人生变得越发短暂。所以聪明的朋友们不会为了毫无意义的事情浪费自己宝贵的生命。人生不管是苦还是甜，归根结底是短暂的，我们必须争分夺秒地生活，才能让我们的人生活出精彩，活出与众不同。对于任何人的人生而言，最可怕的事情就是虽然浑浑噩噩度过了一生，最终却发现自己的人生一事无成，毫无成就。这样的人，哪怕活得再长久，也是毫无意义的。

为了获得人生的主动权，为了真正意义上主宰人生，我们必须大胆出击，绝不软弱退缩。毋庸置疑，人生是充满艰难坎坷的，偶尔还会遭遇各种各样的意外。所以我们更要坚强勇敢，最终才能让人生变得充实而又意义，与众不同。

人生经不起等待，生活中大多数成功的人，都是有胆识有魄力的，一旦想到了一件事情，就能马上展开行动，切实去做。相反，生活中很多人之所以失败，就是因为他们在作出决定之后总是犹豫不决，无法当机立断采取行动。在不断的拖延中，他们失去了人生的主动权，自然也就无法真正打造成功的人生。所以我们说，成功只属于实干家，而只会空想的人，不管什么时候都无法真正获得成功。

很久以前，有个男孩降生在美国的贫民窟。他家境贫困，身体瘦弱，但是他有一个远大的志向，即长大之后要当美国总统，成为整个美国的领袖。听到他的梦想，很多人都啼笑皆非，要知道，美国总统可不是普通人随随便便就能当的。当然，小男孩也知道自己的梦想过于远大，所以才会招人嘲笑。但是他并没有放弃自己的梦想，而是在经过深思熟虑之后，深度分析自己如何做才能实现远大的梦想。他很清楚，要想当美国总统，首先要当州长，那么要想当州长，必须有实力雄厚的财团支持，而要想与财团攀上关系，最直截了当的办法就是迎娶财团的千金小姐当老婆，但是只有出名才能娶到千金小姐，那么要想出名，就必须成为电影明星，从而在最短的时间内走入大众视野。但是，他也知道自己长得就像是一颗孱弱的豆芽菜，所以他意识到自己此时此刻的当务之急就是锻炼身体，让自己拥有健美的身材。

就这样，这个男孩决定通过练习健美操的方式强身健体。后来，他在强烈的愿望下，果然在三年的时间里就成为了身材健美的男性。随后几年，他更是成为了欧洲甚至是全世界的健美先生。就这样，他在二十二岁那年进入了好莱坞，又利用十年的时间把自己打造成不折不扣的硬汉形象。最终，他在和女友相恋九年后，终于成功得到女友家人的认可，与女友走入婚姻的殿堂，他的女友，是肯尼迪总统的侄女。婚后，他与妻子相亲相爱，生育了四个孩子，家庭生活和睦幸福。直到2003年，已经五十七岁的他告别影坛，成功当选美国加州的州长，从此走上了从政的道路。看到这里，大家一定都为这个小男孩传奇的一生震惊不已，他，就是施瓦辛格。从施瓦辛格的人生经历上，我们不难认清楚一个道理，即人生把握在我们自己手中，只要我们敢想敢干，大胆出击，最终一定能够活出属于自己的精彩人生。

从一个贫民窟里长大的小男孩，再到美国加州州长，这期间显然要经历漫长的努力。然而，施瓦辛格对于自己的人生之路有着清晰的规划，所以他才能做到主动出击，步步为营，最终成功迎娶肯尼迪总统的侄女，不但实现了自己的人生梦想，而且拥有了幸福美满的家庭。看到施瓦辛格的奋斗过程，朋友们，你们是否在心中暗暗后悔自己不曾主动出击、博弈人生呢？没错，人生就是要用来博弈的。我们不能因为自身客观条件的局限，就对人生放弃希望，而要像施瓦辛格一样敢想敢干，这样我们才能最大限度发挥自身的主观能动性，成为人生的主宰，并彻底改变我们的命运轨迹。

人生短暂，如同白驹过隙，任何情况下，我们要想收获成功的人生，必须主动出击，毫无畏惧地与人生展开博弈。要知道，人生并不缺少奇迹，缺少的只是勇敢寻找和创造奇迹的人。任何情况下，我们都不能因为失败放弃对人生的尝试和努力，所谓心若在，梦就在，只要我们对人生心怀希望，我们的人生就会变得更加精彩。

第06章

孤独，是为了更专注地努力

《夏目友人帐》中有一句话是这样说的："我必须承认，生命中的大部分时光是属于孤独的努力，成长是在孤独中可以做到的最好事情。"努力是一场奋斗，更是一个人孤独的战斗，只有努力打拼才能获得一个好的生活。

耐得住寂寞，才守得了繁华

我们都知道，没有人能随随便便成功，自古以来许多卓有成就的人，大多是抱着不屈不饶的精神，忍耐枯燥与痛苦之后，从逆境中奋斗挣扎过来的。在人生的道路上，我们若想有所收获，就必须要耐得住寂寞，因为成功并不是一蹴而就的，需要我们耐心等候。

歌德说："人可以在社会中学习。然而，只有在孤独的时候，灵感才会不断涌现出来。"由此，我们可以看到的是，如果你今生想要有所建树，成就自我，那么，在孤独中坚守，在孤独中完善自我，走向成功，是必经之路。一个人，只有依靠自己的力量，脚踏实地，顽强拼搏，才有可能实现目标，实现梦想。

我们先来看看富兰克林的故事；

富兰克林并不是出身官宦之家，相反，他小的时候，家境很是贫穷。他只在学校读了一年书后就不得不出去工作，但童年的艰辛并没有磨灭他的理想和意志，反而激励他更加努力。最终，他成功了，他成为了美国人心中杰出的政治家和外交家。其实，富兰克林并不是天才，那么，除了刻苦勤奋外，他是不是还有什么成功的秘诀呢？事实上，在富兰克林的身上，有一种非常重要的品质，那就是经常独处、反省自己。正是这种品质，促使他不断地发现自己的缺点，不断改进，成为一个拥有很多美德的人，最终走向成功。

每天晚上，富兰克林都会问自己："我今天做了什么有意义的事情？"

他检讨自己，发现自己有13种严重的缺点，而其中最为严重的是，喜欢与人争论、浪费时间、总被小事扰乱心绪，他通过深刻的自我检讨认识到：如果要成功，就一定要下决心改造自己。

于是，他设计了一个表格，表格的一边写下自己所有的缺点，另一边则写上那些美好的品质，如俭朴、勤奋、清洁、谦虚等。他每天检查，反省自己的得与失，立志改掉缺点，养成那些美德。这样持续了几年，他终于成功了。

从这个故事中，我们也不难发现，让自己安静下来，学会在孤独中反省，是提升自己的最好方法，它能让我们看清自己，看到自己的不足、长处，甚至找到人生的目标。

自古以来，凡是能够成大事者，都能耐得住寂寞，排除外界的干扰。然而，我们不得不承认，现实生活是一个处处充满诱惑、时时会有外来干扰的世界，要维持长时间的集中的注意力，必须具备一定的自我控制能力，要做到这一点，就要我们做到静心，所以，从某种意义上说，内心是否宁静是我们能否持久专注于工作和学习的前提条件。也就是说，要抵御诱惑，需要我们在努力中保持一份平常心，这样，我们就能对外界的“花花绿绿”“流光溢彩”不生非分之心，不做越轨之事，不做虚幻之梦。

前些年，华人导演李安执导的《理智与感情》被列入了“影史伟大的100部英国电影”榜单。回望李安的成功，就好像一次生活的蜕变，而这个过程中，他付出了巨大的代价。内敛和害羞的李安曾说：“我天性竞争性不强，碰到竞赛，我会退缩，跟我自己竞争没问题，要跟别人竞争，我很不自在，我没那个好胜心，这也是命，由不得我。”这个信命的男人，却以自己强韧的耐心完成了一次生命华丽的蜕变，从一个普通的男人蜕变成为了响彻国际的大导演。

虽然，李安毕业时的作品《分界线》为他赢来了一些荣誉，但毕业之后，他没有找到一份与电影有关的工作，只得赋闲在家，靠妻子微薄的薪水度日。那段日子算是李安的潜伏期，他为了缓解内心的愧疚，不仅每天在家里大量阅读、大量看片、埋头写剧本，而且包揽了所有的家务，负责买菜、做饭、带孩子，将家里收拾得干干净净。他偶尔也会帮人家拍拍片子、看看器材，做点剪辑处理、剧务之类的杂事，甚至有一次去纽约东村一栋很大的空屋子去帮人守夜看器材。在这段时间，他仔细研究了好莱坞电影的剧本结构和制作方式，试图将中国文化和美国文化有机地结合起来，创造一些全新的作品。

后来，李安回忆起这段日子的煎熬生活，依然十分痛苦：“我想我如果有日本男人的气节的话，早该切腹自杀了。”就这样，在拍摄第一部电影之前，他在家里当了六年的家庭主夫，练就了一手好厨艺，就连丈母娘都夸奖：“你这么会烧菜，我来投资给你开馆子好不好？”蛰伏了一段时间之后，李安出山了，他开始执导自己的第一部电影《推手》，紧接着，他内心对电影艺术的狂热就好像终于等到发泄的机会一样，作品一部接着一部，部部片子都是经典，都为其成功奠定了扎实的基础。

就这样，李安完成了一次生命华丽的蜕变。

这里，我们佩服的是，李安导演因为自始至终对电影业都怀抱理想和希望，所以他才能够在家里做了六年的“煮夫”，足见他的忍耐力。就连李安自己也自嘲说：“我想我如果有日本男人的气节的话，早该切腹自杀了。”在那段煎熬的日子里，他不断蛰伏着，忍受着寂寞与孤独，忍受着枯燥和痛苦，但他终于以自己的耐心等来了那一天，他成功了，虽然，蜕变的代价是巨大的，但他已经忍受过来了，现在的他，只需要轻轻地努力就可以采摘成功的果实，生活对于他，也从来都是公平的。

西奥多·罗斯福也曾说过：“有一种品质可以使一个人在碌碌无为的平庸之辈中脱颖而出，这个品质不是天资，不是教育，也不是智商，而是自律。有了自律，一切皆有可能，否则最简单的目标都会显得遥不可及。”任何一个人的才能，都不是凭空获得的，学习是唯一的途径。学习的过程，就是一个不断克服自我、控制自我的过程，只有首先战胜自己，摒除内在和外在的干扰，才能以全部的激情投入到对知识的汲取中。

对外界不必关注太多，只做好手头事

人生在世，要有一番成就，就必须要努力，就必须专注。我们发现，那些攀岩成功的人都有个共同特征，那就是他们不会三心二意，也不会向下看，他们会一直努力地攀登，这样，尽管脚下是万丈悬崖，他们也不会害怕。可见，如果我们希望成就一番事业，就必须做到内心淡定，始终朝着目标前进。很多成功者在经历种种后，回望身后的辛酸血泪之路，都会发现，内心真正淡定的人才是最后的赢家。

然而，出现在我们周围的干扰因素太多，能抵抗干扰是一种意志和信念的较量。这更需要我们培养自己的专注力，无论做什么事，我们都要尽量做到“充耳不闻”，才能训练自己的专注能力，才能一步一步进行自己的计划。

包维尔自小就十分喜欢摄影，大学毕业后，他对摄影到了痴迷的程度，无心去挣钱工作。他过着简单的生活，从不理会自己的生活是富有还是贫穷，只要能够摄影就够了。他穿着破裤子，吃着最简单的汉堡包，在别人眼里，他是困苦贫穷的象征，而包维尔自己却过得异常快乐。

在他27岁时，他凭借登峰造极的人物摄影技术成为世界公认的人物摄影大师，并为英国首相拍摄人物照，从此一发而不可收。至今为全世界一百多位总统、首相拍过人物摄影，请他摄影的世界名流更是数不胜数，排队等候一两年是常事。包维尔成了一个真正的世界顶尖级摄影大师。

从包维尔的故事中，我们得知，只有内心平静、做事专注的人，才能从容不迫、不骄不躁地沉淀自己，最终才能有一番成就。

在每一种追求中，作为成功保证的与其说是卓越的才能，不如说是追求的目标。目标不仅会激励人产生实现它的能力，而且会令人产生充满活力、不屈不挠为之奋斗的意志。因此，我们需要记住的是，世事繁杂，我们不必关注太多，只要做好手头事、着眼于当下，一步一个脚印，你就会有所收获。

事实上，无论做什么事，最要不得的就是三心二意。戴尔·卡耐基曾经根据很多年轻人的失败经验得出一个结论：“一些年轻人失败的一个根本原因，就是精力分散，做不到专注。”托马斯·爱迪生曾说过：“成功中天分所占的比例不过只有1%，剩下的99%都是勤奋和汗水。”这句话告诉我们做事需要专注，不腻烦、不焦躁、一门心思才能取得好的效果。

的确，成功者之所以成功，就是因为能做到专注工作，在专注的过程中，他们的个性和智力得到了磨炼，在不断努力并获得成果的过程中，他们产生了活力和不屈不挠的奋斗意志。因此，在人的性格特征中，意志力是核心力量，概而言之，意志力就是人本身。它是人们行动的驱动器，是人们各种努力的灵魂。做事过程中，我们也要运用意志力的力量，做到这一点，你也能获得卓越的才能。

相反，那些对奋斗目标用心不专、左右摇摆的人，对琐碎的工作总是寻找着遁辞词，懈怠逃避，他们注定是要失败的。如果我们把所从事的工作当作不可回避的事情来看待，我们就会带着轻松愉快的心情，迅速地将它完成。瑞典的查尔斯九世在他还年轻的时候，就对意志的力量抱有坚定的信念。每每遇到什么难办的事情，他总是摸着小儿子的头，大声说："应该让他去做，应该让他去做。"和其他习惯的形成一样，随着时间的流逝，勤勉用功的习惯也很容易养成。因此，即使是一个才华一般的人，只要在某一特定的时间内，全身心地投入到某一项工作中去，他也会取得巨大的成就。

一位自考毕业的男孩去应聘一家外贸公司的经理秘书，但是，公司给他安排了一个行政部文员的职位。男孩想了一下，觉得只要自己耐心做好文员的工作，一样很好，于是，他就答应了。男孩的工作是负责接待客人和复印、打印等琐事。同事们总是把一些需要复印和打印的文件一股脑儿地堆在男孩的桌子上，然后告诉他哪些需要复印、哪些需要打印、每种各需要多少份。男孩总是耐心地记录着各种要求，然后仔细地做。

有好几次，男孩的认真检查避免了公司的损失，因此，男孩真的被提拔为经理秘书了。

他是这样对人说的："工作虽然简单，但是只要有超凡的耐心和细心，就会取得成功。" 福韦尔·柏克斯顿认为，成功来自一般的工作方法和特别的勤奋用功，他坚信《圣经》的训诫："无论你做什么，你都要竭尽全力！"他把自己一生的成就都归功于对"在一定时期不遗余力地做一件事"这一信条的实践。

的确，人生就像马拉松赛跑一样，只有坚持到终点的人才有可能成为真正的胜利者。著名航海家哥伦布在他的航海日记上最后总是写着这样一句话——"我们继续前进"。这话看似平凡，但也告诉了所有正在为目标奋斗的人们一个道理，实现目标需要无比强大的信心和意志力。在这个过程中，你只有坚守内心的目标，付出艰辛的劳动，才会实现蜕变、获得成功。

总之，你需要记住的是，在对有价值的目标的追求中，坚定不移的决心是一切真正伟大品格的基础。充沛的精力会让人有能力克服艰难险阻，完成单调乏味的工作，忍受其中琐碎而又枯燥的细节，从而使我们顺利通过人生的每一驿站。

心无旁骛，凡事专心致志

著名作家埃里克说：“当我放弃我的工作而打算写一本25万字的书时，我从不让我过多地考虑整个写作计划涉及的繁重劳动和巨大牺牲。我想的只是下一段，不是下一页，更不是下一章去如何写。整整6个月，我除了一段一段地开始外，我没有想过其他方法。结果，书写成了。”

我们先来看下面一个故事：

孔子带领学生去楚国采风。他们一行从树林中走出来，看见一位驼背翁正在捕蝉，他拿着竹竿粘捕树上的蝉，就像在地上拾取东西一样自如。

“老先生捕蝉的技术真高超。”孔子恭敬地对老翁表示称赞后问，“您对捕蝉想必是有什么妙法吧？”

“方法肯定是有的，我练捕蝉五六个月后，在竿上垒放两粒粘丸而不掉下，蝉便很少有逃脱的。如垒三粒粘丸仍不落地，蝉十有八九会被捕住；如能将五粒粘丸垒在竹竿上，捕蝉就会像在地上拾东西一样简单容易了。”捕蝉翁说到此处，捋捋胡须，严肃地对孔子的学生们传授经验。

他说：“捕蝉首先要学练站功和臂力。捕蝉时身体定在那里，要像竖立的树桩那样纹丝不动，竹竿从胳膊上伸出去，要像控制树枝一样不颤抖。另外，注意力要高度集中，天大地广，万物繁多，但我心里只有蝉的翅膀，我专心致志，神情专一。精神到了这番境界，捕起蝉来，那还能不手到擒来、得心应手么？”大家听完驼背老人捕蝉的经验之谈，无不感慨万分。

孔子对身边的弟子深有感触地说：“神情专注，专心致志，才能出神入化、得心应手。捕蝉老翁讲的可是做人办事的大道理啊！”

驼背翁捕蝉的故事向我们昭示了一个真理：凡事专心致志、心无旁骛，才能出色地完成，把工作做好做到位，才能取得成功。

事实上，除了捕蝉外，任何事又何尝不是如此呢？无论做什么事，最要不得的就是三心二意。

洛克菲勒也曾说过：“做事不抢时间，不求多，稳稳当当地做，就能做许多事情，这有多好！”这句话就是在告诉我们所有珍惜时间的人在做事时都要做到循序渐进、稳扎稳打，为此，有以下三点建议：

1.不要同时做两件或两件以上的事

计算机能同时运行两个甚至更多的程序，但我们不能“一心二用”，认为自己可以同时处理很多事是一种误区，做好事情的前提是专注。然而，我们发现，一些人一边学习，一边看电视，或者一边做策划案，一边上网，试想，这样怎么能聚精会神呢？这样自然不能集中精力去做事，久而久之，你便养成了一心二用的坏习惯。

为此，你必须克服这一缺点，做事时就专心做事，休息娱乐时就放松自己，经过一段时间，你会发现，自己无论做什么事，都专注多了，而最重要的是，效率也提高了很多。

2.拟定做事计划

无论是学习还是其他事情，都不要把注意力过分放在整件事情上，而应该先拟定一个切实可行的计划，并努力做好第一步，而后再努力做好第二步、第三步……如此各个击破，最终实现自己的目标。

3.善于总结

无论做事的效果怎样，只有做到及时总结，才会及时反省，尤其是对于错误和失败。要知道，成功需要借鉴失败中的教训，因为只要能从失败中学得经验，便永不会重蹈覆辙。失败不会令你一蹶不振，它就像伤口一样，总是会愈合的。大剧作家兼哲学家萧伯纳曾经写道："成功是经过许多次的大错之后得到的。"

4.要有追求完美的心态

"没有最好，只有更好"，十全十美的事做不到，也不存在，但你首先应该有一个追求完美的心态。"取法其上，得其中也；取法其中，得其下也；取法其下，不足道也。"只有与时俱进，以高标准的要求和精益求精的态度要求自己，聚精会神抠细节，才能实现突破。

总之，你应该记住，无论做什么事，要想提高效率，就不要把注意力过分放在整件事情上，而应该先拟定一个切实可行的计划，并努力做好第一步、而后再努力做好第二步，第三步……如此各个击破，最终实现自己的目标。

努力去热爱，激发出更多的热情

人生在世，要有一番成就，就必须要有目标，这是毋庸置疑的。正是因为这一点，现实生活中的很多人，认为自己手头的工作毫不起眼，于是，他们总是渴望拥有一份更能发挥自己能力与价值的工作，但其实，只要专注于手头的工作、全力以赴，就能产生火热的激情，它能让你每天获得进步。成功始于源源不断的工作热忱，你必须热爱你的工作。热爱你的工作，你才会珍惜你的时间，把握每一个机会，调动所有的力量去争取出类拔萃的成绩。

詹姆斯巴里说："快乐的秘密，不在于做你所爱的事，而在于爱你所做的事。"工作在我们的人生中占据了大部分最美好的时光，比尔·盖茨有句名言："每天早上醒来，一想到所从事的工作和所开发的技术将会给人类生活带来巨大的影响和变化，我就会无比兴奋和激动。"

苏格拉底说："不懂得工作真义的人，视工作为苦役。"这句话的含义是，工作是否能为我们带来快乐，取决于我们对工作的看法。因为：快乐的秘密，不在于做你所爱的事，而在于爱你所做的事"。当我们能做到为自己工作、为明天积累时，那么，你将拥有更大的挥洒的空间，更多的实践和锻炼的机会，找到工作中的乐趣，能够让你在工作岗位上更主动更积极地处理各项事务，为自己不断开创新的工作机会和发展空间。

我们不妨先来看下面一个故事：

很久以前，在西方，有一个人在死后来到了一个美妙的地方，这里能享受到一切他曾经没有享受过的东西，包括妙龄美女和美味佳肴，还有数不尽的用人伺候他，他觉得这里就是天堂，可是在过了几天这样的生活后，他厌倦了，于是，对旁边的侍者说："我对这一切感到很厌烦，我需要做一些事情。你可以给我找一份工作做吗？"

他没想到，他所得到的回答却是摇头："很抱歉，我的先生，这是我们这里唯一不能为您做的，这里没有工作可以给您。"

这个人非常沮丧，愤怒地挥动着手说："这真是太糟糕了！那我干脆就留在地狱好了！"

"您以为，您在什么地方呢？"那位侍者温和地说。

这则寓言故事要告诉我们：失去工作就等于失去快乐。但是令人遗憾的是，有些人要在失业之后，才能体会到这一点，这真不幸！

追求快乐固然没有错，但你要明白，只有踏实工作才是真正快乐的源泉。不可否认，浮躁的现象在社会中普遍存在，具体表现在有些人看不到劳动的真正价值，心浮气躁，更做不到安心工作，事情刚做到一半，就觉得前途渺茫、失去兴趣，于是，他们只能一事无成。

事实上，即使你现在感觉厌烦工作，如果你坚持再作一些努力，忍辱负重、积极向前，就会引起人生的根本大转变。

小李高考落榜后，就开始在一家汽车修理厂工作，从开始工作的第一天起，他就对自己的工作充满了不满，他开始抱怨，“修理这活太脏了，瞧瞧我身上弄得”“真累呀，我简直要讨厌死这份工作了”“要不是考试中出了点失误，我现在都是名牌大学的学生了，做修理这活太丢人了”。

每天，小李都在煎熬和痛苦中过日子，但他又害怕失去手上这份工作，于是，只要师父不在，他就要滑偷懒，应付手中的工作。

几年过去了，与小李一同进厂的三个工友，各自凭着自己的手艺，或另谋高就，或被公司送进大学进修了，唯有小李，仍旧在抱怨声中，做他蔑视的修理工。

可见，无论你正在从事什么样的工作，要想获得成功，就要对自己的工作充满热爱。如果你也像小李那样鄙视、厌恶自己的工作，对它投注“冷淡”的目光，那么，即使你正从事最不平凡的工作，你也不会有所成就。

孙女士是一个典型的事业型女人，但同时，她又是个不喜欢喧闹的人。2003年，她开了一家自己的茶楼，很多朋友问她为什么做这行，她的回答是：“我喜欢安静的氛围，听安静的音乐，安静地喝着茶，那么，所有生活、工作的压力也就不翼而飞了，所以我觉得开这个茶楼能让客人心神安宁吧。”

的确，开业至今，孙女士的茶楼在圈内已小有名气，黑白色调，纯正的法式美味，大厅里有一面偌大书墙，清淡的书香与法式气质融为一体。认识她的人都说，孙女士像极了她店内墙壁上所画的女子：安静、温柔、追求完美。

但她似乎又总是充满能量，总是不知疲倦地工作着。

对孙女士来说，最快乐的事情是早上起来，出门之前看着儿子在楼下玩耍，因为她要到深夜才回家。“我希望客人在第一时间里就能感受到我们准备好的一切——干净的空气、新鲜的花、清澈的玻璃窗、没有味道的卫生间……”孙女士总喜欢亲自招呼客人，“我通常会站在客人的角度上，把自己当成一个客人去挑剔。”

无论在什么时候，孙女士都是一个工作狂，以前作为公司的部门经理，每天工作时间常常超过8小时，她精力旺盛，喜欢挑战，自己做老板了，还事必躬亲。“我只要一工作就感觉非常满足”，孙女士说，“我觉得我是属于耐压型的，压力越大工作越出色。”

故事中的孙女士为什么能拥有成功的事业？因为热爱！是这份热爱让她充满了能量，其实，你也能做到，即使你现在感觉厌烦工作，只要你坚持再作一些努力，忍辱负重、积极向前，就能令人生产生根本大转变。

的确，在人生经营中，倘若劳动不能给我们带来至高无上的快乐，那么即使我们能通过其他方式获得成功，最终留给我们的结果不过是不尽人意的缺憾。而且，专心致志于工作所带来的果实，不仅有成就感，还可以为我们奠定做人的基础，锤炼我们的人格。

再坚持一下，转机就在下一秒

古人云："有志者，事竟成，百二秦关终属楚；苦心人，天不负，三千越甲可吞吴。"这句话的意思就是，只要我们坚持到底，梦想无论多大，都有实现的可能。我们常常会发现，有许多人在做事最初都能保持旺盛的斗志，然而，随着遇到挫折的增多，他们变得懈怠，热情也退却了，最终放弃了希望，失去了自己应有的成功。

某些看起来平凡的、不起眼的工作，只要我们能坚韧不拔地去做，坚持不懈地去做，那么，这种持续的力量就能帮助我们获得事业的成功。当然，在坚持的过程中，你可能也会遇到一些压力和困难，但你要明白的是，此时你更应该有超强的意志力，再坚持一下，也许转机就在下一秒。这正如巴甫洛夫曾说的："如果我坚持什么，就是用炮也不能打倒我！"

老亨利是一家大公司的董事长，他是个和蔼的老人。有一次，产品设计部的经理汤姆向老亨利汇报说："董事长，这次设计又失败了，我看还是别再搞了，都已经第九次了。"汤姆皱着眉头，神情非常沮丧。

"汤姆，你听我说，我让你来设计，就是相信你能成功。来，我给你讲个故事。"老亨利吸了一口雪茄，开始讲起来，"我也是个苦孩子，从小没受过什么正式教育。但是，我不甘心，一直在努力，终于在我31岁那年，我发明了一种新型的节能灯，这在当时可是个不小的轰动呢！但是，我是个穷光蛋，要进一步完善它需要一大笔资金。我好不容易说服了一个私人银行家，他答应给我投资。可我这种新型节能灯刚一投放市场，其他灯的销路就被阻断了，所以就有人暗中阻挠我成功。可谁也没想到，就在我要与银行家签约的时候，我突然得了胆囊症，住进了医院，大夫说必须马上做手术，否则就会有危险。那些灯厂的老板知道我得病了，就开始在报纸上大造舆论，说我得的是绝症，骗取银行的钱来治病，结果，那位银行家不准备投资了。更严重的是，有一家机构也正在加紧研制这种节能灯，如果他们抢在我前头，我就完蛋了！我躺在病床上简直是焦急万分，最后只能铤而走险，不做手术，如期地与那位银行家见面。"

"见面前，我让大夫给我打了镇痛药。和银行家见面后，我忍住剧烈的疼痛，装作没事似的，和银行家谈笑风生。但时间一长，药劲过去了，我的肚子就像刀割一样疼，后背的衬衣也让汗水湿透了。可我仍然咬紧牙关，继续周旋，我当时心里就只剩下一个念头：再坚持一下，成功与失败就看能不能挺住这一会儿！终于，病痛在我强大的意志力下低头了，最后我取得了银行家的信任，签了合约。我在送他到电梯口时脸上还带着微笑，并挥手向他告别。但电梯门刚一关上，我就扑通一下倒在地上，失去了知觉。提前在隔壁等我的医生马上冲过来，用担架将我抬走。后来据医生说，我的胆囊当时已经积脓，相当危险，知道内情的人无不佩服我这种精神。我呢，就靠着这种精神一步步走到现在。”

汤姆被老亨利的故事感动了，他感到万分惭愧。和董事长相比，自己遇到的这点压力算什么呢？

“董事长，您的故事让我非常感动，从您身上我真正体会到了再坚持一下的精神。我非常感谢您给我的鼓励和提醒，我回去再重新设计，不成功，誓不罢休。”汤姆挺着胸，攥着拳，脸涨得通红，说话的声音有些颤抖。

事实是最好的证明，在试验进行到第十二次的时候，汤姆终于取得了成功。

任何人、任何事情的成功，固然有很多方法，但最根本的就是坚持。不管遇到什么困难，只要风雨无阻并相信自己能成功，就一定能迎来曙光、迎来成功，老亨利和汤姆的成功就是最好的证明。而相反，如果我们老在前进的道路上给自己设置重重的心理障碍，总是让自己刚迈出的脚步又退回原点，那么又如何战胜压力走向终点呢？如果抱着一种不怕输、不认输的精神，怀有一种失败后再坚持一下的勇气，那么最终肯定能获得成就。

也许，现在的你可能正在从事一项单调琐碎的工作，你感受到了前所未有的压力，感觉自己的前途渺茫，但请你记住，这才是人生的精彩之处。如果一个人的一生太幸运了，太安逸了，就远离了压力的考验，反而会变得毫无追求，苍白暗淡。一旦你失去了必要的压力，就会驻足不前，那么你就等于失去了成功的基石，有一天你会发现自己身后只剩一片悬崖。因此，面对现实工作给自己带来的压力，不要总是想着给自己减压，而要适当给自己加压。因为压力是孕育成功的土壤，只有在沉重的现实面前，压力才能将潜能激发出来。而当你无法摆脱压力时，就应该反复对自己说："感谢生命之中的压力，这是生活对我的挑战和考验。""这是上天催促我努力学习、积极工作、奋发向上的动力。"换个角度去看问题，改变态度，困难和压力也会很快减轻。

事实证明，任何一个取得成功的人，都付出了超乎常人的努力。一个人要想获得人生的幸福，那么每一天都应该勤奋工作。付出不亚于任何人的努力是一个长期的过程，只要坚持就一定能够获得不可思议的成就。

第07章

时刻准备着，机遇随时降临

成功属于有梦想的人，机会留给有准备的人。如果你不主动争取，任何东西都不会属于你。很多时候，你之所以不成功，不是因为没有机遇，而是因为你没有准备好，才会与机遇擦肩而过。

作足准备，就要抓住机会

很多时候，机会就这么与我们擦肩而过，甚至我们的指尖已经碰到了机会，却又失去了机会，这无疑让人懊悔不已。为什么会出现这样的情况呢，难道机会真的是有选择地光顾吗？其实不然。机会并不会选择让谁抓住它，但是你能否抓住机会，取决于你在机会到来前是否作足了准备，是否积攒了洪荒之力只等着机会光顾。若你漫不经心，一定无法抓住转瞬即逝的好机会。

正如一位名人所说，机会是留给那些有准备的人的。任何时候，即使没有任何机会即将到来的迹象，我们也要作好准备迎接机会的到来，因为没有人能说得准机会何时到来。这就像是打球，不管队友是否把球传给你，只要你站在球场上，是球队的一员，你就必须时刻准备着接球，传球。著名剧作家萧伯纳对于机会也有自己独到的见解，他说机会总是留给那些有准备的人，成功的人也总是抓住了机会的人，然而真正的强者如果没有机会，就会主动创造机会。由此可见，除了要随时随地准备抓住机会之外，我们还要拥有创造机会的能力，这样才能始终不缺少机会。不得不说，成功的人对于成功，总是有着与众不同的见解和定义。

三年以来，毛遂始终在平原君门下当门客。但是，平原君根本不知道毛遂是谁，因为他有很多门客，而没有任何特色的毛遂被淹没在这些门客中，根本没有机会进入平原君的视野。有一次，秦国派出重兵团团围困赵国的都城邯郸，赵王看情势危急，只得派平原君出使楚国，以便说服楚国的国君派兵为赵国解围。

平原君深知游说的成败关系到国家的安危，因而在出发之前决定挑选二十名门客带上。这二十名门客必须文武双全，机智勇敢，然而，挑来挑去，平原君只找出了十九个符合要求的门客。还剩下一个名额，却再也找不到能让平原君满意的人。这时，毛遂毫不迟疑地主动请缨，他对平原君说："我愿随您一起去楚国。"平原君看到名不见经传的毛遂，丝毫不以为意，他漫不经心地说："你投在我的门下三年，但是从未崭露头角，更没有过人的表现，可见你能力一般。这就像是把钉子放在布袋里，钉子一定会很快钻破布袋，让人们发现它的存在；而你呢，始终默默无闻，我不能确定你有能力随同我去楚国完成伟大的使命。"听了平原君的话，毛遂并不羞愧，而是坦然地为自己辩解："你说得很有道理，但是并不全对。我之所以不像钉子一样钻破布袋，是因为我从来就不在布袋里。假如您给我这个机会，让我进入布袋，我保证我不但会钻出布袋，而且会完全露出布袋。"

看到毛遂镇定自若地为自己辩解，平原君觉得他说得不无道理，因此，平原君同意带着毛遂一同出使楚国。就这样，他们一行人连夜马不停蹄地赶往楚国，到了楚国之后，天才刚刚亮。平原君没有休息，马上就去拜见楚国的国君，希望他能够发兵为赵国解围。然而，谈判进展得很慢，而且毫不顺利。尽管平原君滔滔不绝，从早晨到中午一直在游说楚国的国君，但是对方始终不愿意出兵。情急之下，平原君向门客们求救，但是除了毛遂之外，其他的十九名门客只能干着急，根本想不出什么好办法。看到平原君为难的样子，毛遂一不做二不休，一手仗剑，大步流星地就走到了台上。尽管楚国的国君盛气凌人，而且喝令毛遂退下，毛遂却毫不畏惧，大声说道："今日赵国被围困，危在旦夕。秦国虎狼之心，吞并天下之意，昭然若揭。等到赵国灭亡之后，下一个灭亡的就一定是楚国。而且，我如今就站在您的面前，即使您有千军万马，也无法保证您性命无忧。我想，您应该当机立断，否则，一旦错失良机，就会追悔莫及。"毛遂的一番话让楚国的国君意识到情势的严峻和危急，他马上放下私心，当即与平原君签订盟约，并且派兵援助赵国。

回到赵国后，平原君感慨地说："毛遂真是伟大的人啊！他仅凭铿锵有力的好口才，就胜得过百万大军。遗憾的是，我在此之前居然从未认识到他的才华。如果不是他主动请缨，我可是损失惨重呢！"自此之后，毛遂深得平原君的器重，成为了平原君的左膀右臂。

赵国被秦国围困，平原君必须马上出使楚国，说服楚国的国君派兵支援赵国，而平原君左挑右选，还缺少一名随从。对于毛遂而言，这就是千载难逢的好机会。情况危急，如果他纠结于是否参与这个危险而又艰巨的任务，那么也许机会就会转瞬即逝。幸好，沉寂三年的毛遂毫不犹豫地主动请缨，并且以非凡的气度赢得了平原君的认可。就这样，毛遂在楚国的国君面前慷慨陈词，最终扭转了不利局面，成功说服楚国的国君出兵援助赵国，不但保卫了国家的安宁，也由此深受平原君器重。毛遂一鸣惊人，难道仅仅是因为他运气好吗？当然不是。毛遂的成功，首先在于他抓住了机会随同平原君一起出使楚国，在楚国的国君面前，他又抓住了机会慷慨陈词，且把楚国的国君控制在自己的一剑之内。如此一来，于情于理，楚国的国君便没有理由继续拒绝结盟。

虽然现代社会已经远离战争，但是不管在生活中还是在工作中，我们还是需要学会把握机会。尤其是当我们本身就在盼望着机会的出现时，就应该随时作好万全的准备，这样才能保证不错过任何千载难逢的好机会。要知道，很多命运的转折点就在机会之中，如果错过机会，你就很有可能错过了一次把握命运的最好时机。被动的生活不会有奇迹，如果你想创造与众不同的命运轨迹，你就要采取主动的姿态迎接命运的到来。不管是惊吓还是惊喜，作足准备的你，抓住机会一定会有独到的收获。

主动出击，寻找成功的契机

每个人都渴望得到成功，然而，通往成功的道路充满坎坷和曲折，没有任何人能够一蹴而就，一步登天。因而，我们在追求成功的过程中必须充满耐心，也不要拘泥于一种办法。所谓条条大路通罗马，通往成功的道路也并不是只有一条。只要你处处留心，就可以发现很多成功的技巧和方法，为自己的成功铺路。

大多数人所理解的成功，需要自身具备超强的能力，有着顽强的毅力和过人的胆识。当然，每个人的成功都离不开自身的努力，这是必然的。不过现代社会讲究合作，尤其注重人际关系，因而通往成功的路上也就有了一些所谓的“捷径”。诸如你从某个朋友那里得到了内部消息，那么你就可以比其他人先行一步；你认识了一个贵人，他可以提携你帮助你扶持你，这样你的成功之路就不会走得那么艰辛。总而言之，虽然我们坚持认为成功必须付出努力，但是如果有办法提高成功的效率，也将会是不错的选择。

作为美国著名的记者，伍德沃德获得了普利策奖，这是美国新闻界的最高奖项。原本，他一直梦想着进入《华盛顿邮报》，当一名记者。遗憾的是，这家报社的主编余力丝毫不觉得伍德沃德有什么特殊的天赋，虽然余力最终还是聘用了伍德沃德。当然，余力的聘用是有条件的，即他只给伍德沃德两个星期的时间证明自己的实力，而且在这两个星期里，他并不会给伍德沃德任何报酬。

很快，两个星期过去了。尽管伍德沃德不遗余力，但是他所写的十几篇采访稿没有任何一篇被录用。最终，余力失去了耐心，给伍德沃德下了逐客令："我想，你很优秀，也很勤奋，但是并不具备成为一名优秀记者的潜质……"当时，伍德沃德觉得自己如同遭遇了死刑宣判，简直绝望透顶。失去工作的他，不得不在周边找了一份普通的工作。然而，他不死心，也不认为自己一生的命运将就此葬送。为此，他一次又一次地给余力打电话，以求为自己再争取到一次机会。有一次，伍德沃德给正在度假的余力打电话，余力气得大发雷霆，不想，他的妻子却淡然地说："我倒是觉得，这个小伙子的这股劲头正是成为一名好记者的必备条件呢！"就这样，伍德沃德回到了《华盛顿邮报》。

1972年初夏，伍德沃德以敏感的嗅觉，和同事伯恩斯坦一起挖掘出了一个惊天新闻——水门事件。这个与众不同的政治事件，不但帮助《华盛顿邮报》获得了新闻界的最高奖项——普利策奖，也让尼克松提前结束了总统的任期。当然，获益最大的还是伍德沃德，从此之后，他成为了世界知名记者，尽人皆知。

聪明的人不会等着成功的机会从天而降，相反，他们会努力地寻找成功的契机，并且以充分的准备投身于成功的战斗之中。伍德沃德之所以能够借助于水门事件一举成名，正是因为他在余力的否定面前从未自暴自弃，而是不离不弃地为自己争取机会。他几乎是不顾一切地给余力打电话，最终让余力成为他生命中的贵人，帮助他重新回到《华盛顿邮报》，也让他得到了千载难逢的好机会。

毋庸置疑，有些在我们的生命中偶然出现的人，也许就会成为我们的贵人。他们或许不会帮助我们太多，但是只要给我们一个机会，或者说一句点醒我们的话，就能让我们茅塞顿开，再也不同往常。当然，除了结识贵人之外，成功的道路上还有很多可以助力的事情。从现在开始，就让我们作好准备，随时迎接成功契机的到来吧！

恰到好处地抓住机会，发掘自身潜力

人们常说，机会只属于那些有准备的人。的确如此，机会总是青睐少数人，也只有少数人才能把握住人生中的机会，从而让自己的人生变得与众不同。究其原因，并不是命运不公，而是只有少数人作好了准备迎接机会，大多数人面对人生都浑浑噩噩，即使机会来敲门，也有可能浑然不知。既然如此，机会又怎么会帮助他们获得成功呢？当然，准备二字说起来很简单，想要真正做好，却是难上加难。

首先，准备的工作涉及方方面面，我们必须非常努力，才能面面俱到地准备好。其次，机会到来并不会如约定好得一般准时，很多时候我们集中精力等待机会到来，但是机会偏偏让我们等得心急如焚，等到我们因为着急而懈怠时，机会却又突然来敲门，弄得我们措手不及。由此可见，等待机会的过程中我们必须非常耐心，有恒心和毅力。最后，就像好人不会在自己的额头上写上“好人”二字一样，机会也不会标榜自己。它会以各种各样的面目出现，有的时候直到错失机会，我们才能意识到曾经错过的是机会，却悔之晚矣。在这种情况下，我们必须练就火眼金睛，要知道自己真正想要的是怎样的机会，这样才能保证不错过机会，从而为人生赢得发展的契机。因而，我们每个人都必须学会把握机会，从而走好人生的关键几步，让自己的人生变得与众不同。

也许有些人觉得很纳闷，因为他们自身的条件并不差，甚至很好，为何就无法成就成功的人生呢？其实，曾经有位名人说过，人与人之间先天的条件相差无几，最后的发展相差悬殊，主要是后天导致的。当然，能否抓住机遇，也是影响我们后天成功的重要因素之一。既然是否准备充分关系到我们的命运，我们就必须要未雨绸缪，哪怕是不够聪明的朋友也无须沮丧，因为我们还可以笨鸟先飞。这也凸显出了人生规划的重要性，很多朋友对于人生毫无规划，总是浑浑噩噩的，因而根本无法做到未雨绸缪。相反，有些朋友对于人生有着准确明晰的规划，也知道自己在人生中真正想要的是什么，以及如何实现规划。这样一来，他们当然可以最大限度地提前谋划人生，提前作好准备，从而在机会到来的时候先人一步，恰到好处地抓住机会，最大限度发掘自身潜力，从而创造精彩辉煌的人生。

熟悉历史的人都知道，和珅是大贪官。然而，只有很少的人知道，和珅不但才华横溢，而且相貌堂堂，所以乾隆才会重用他。最初的时候，和珅是个没落的八旗子弟，他的父亲官职很低，因为沾了祖宗的光，所以才能随侍皇帝，这让和坤进入官场有了有利条件。

乾隆四十年，和珅迎来了政治生涯的好机会。一天，乾隆皇帝临时决定出游，却因为宫里的人没有及时准备好黄龙盖，所以非常生气。正当全体官员都心惊胆战之际，始终默默无闻的和珅回答了乾隆的质疑：“回禀皇帝，是典守者的过失。”乾隆循声望去，看到和珅仪表堂堂，器宇不凡，因而心中一动，从此眼里就有了和珅。在得知和珅是读书人之后，乾隆在路上与他一番畅聊，不由觉得相见恨晚。回到宫里，乾隆马上提拔和珅，从此之后和珅青云直上，位极人臣。

朋友们，和珅崭露头角的机会看似偶然，实际上并非出于偶然。假如和珅之前不是饱读诗书，胸中有墨，那么乾隆在路上与其闲谈时，他又如何能做到对答如流呢！据说，和珅非但不是胸无点墨，反而才高八斗，所以才能得到风流多才的乾隆皇帝的赏识。

朋友们，人生路上我们总是难以如愿以偿地抓住机遇，取得成功，每当此时，不要抱怨命运的不公，更不要愤愤不平。任何人，只要获得成功，必然有其过人之处。我们不仅要渴望机会，更要把寻找和创造机会落到实处，真正去做。这样一来，我们就不会再只是眼馋地看着别人的成功，以“他只是得到了好机会”来无奈地评价他人。只要我们当即奋发努力，作好准备迎接机会的到来，我们也就把握了人生的诸多机会，从而获得成功。正如人们常说的，机会面前，人人平等，我们必须从现在开始就把迎接机会的准备工作落到实处，才能最大限度改变自身的命运，拥有成功的人生。

不要等机遇，要创造机遇

现实生活中，很多人把自己的失败归结于没有得到好的机会，而把成功者的成功归结于他们总是能够得到命运的眷顾，因而始终好运相随。其实，天上不但不会掉馅饼，更不会掉下来机会。就像守株待兔的人一样，在因为偶尔得到一头撞死在树桩上的兔子之后，他就放弃正常的劳作，始终守候在树桩旁等着继续捡兔子，这无疑是可笑的。同样的道理，我们不能否认有些机会得来容易，但是大多数情况下，机会并非等来的，而是创造出来的。假如你非常渴望成功，你也不愿意白白浪费宝贵的生命，那么你就不要无奈地等待机会，而要积极主动地创造机会。

松下幸之助是松下电器的创始人，举世闻名，如今世界各地的人们都在使用松下电器，并且因为松下电器过硬的质量对松下品牌赞不绝口。也许有些人还会想，到底是怎样的一个人，创造了松下电器的神话？其实，松下幸之助曾经是一个很普通的人，他从小家境贫寒，所以小小年纪就辍学，四处挣钱，养家糊口。

有段时间，松下失业了，眼看着家里人都等着吃饭，无奈之下，他只得去电器公司求职。在当时，他对于电器知识根本一窍不通，再加上身材矮小，面黄肌瘦，所以电器公司人事部的负责人当即就拒绝了他。即便松下表示只是想得到最卑微低贱的工作，哪怕薪水少也没关系，负责人依然对他表示爱莫能助。看着松下热切的眼神，负责人随口敷衍道："现在满员了，你可以过段时间再来看看。"一个月之后，负责人早就忘记了自己的话，但是松下始终记得。松下再次来到电器公司，负责人继续推托，说自己忙着开会，没有时间和松下细说。松下默默地离开了，但是他并没有气馁，而是在几天之后再次来访。负责人不堪其扰，这次毫不客气地说：“你看看你的形象，这么差，根本不符合我们公司的要求。”松下觉得负责人说得很有道理，当即打道回府。他借钱为自己买了一身崭新的西装，几天之后锲而不舍地又来了。

看到焕然一新、精神抖擞的松下，负责人简直无话可说，他有些为难地对松下说：“我们是电器公司，是要销售电器的。你看看，你对电器一无所知，你自己都不了解电器，又如何说服客户购买我们的电器呢！”松下毫不反驳，当即离开。他还是没有放弃，而是参加了一个电器知识的培训班，进行了为期两个月的学习。当他再次来到电器公司时，负责人对他再也无可挑剔。相反，负责人感动地说：“大多数求职者被拒绝之后，就会离开了。但是我在招聘岗位这么多年，第一次遇到你这种有恒心有毅力、坚韧不拔的求职者。”就这样，松下如愿以偿地去了电器公司工作，并且在多年坚持不懈的努力后，最终成为举世闻名的松下电器的掌门人，也被誉为世界级别的“企业经营之神”。

为了得到一份工作，松下幸之助几次三番被负责人推脱和挑剔，但是他都没有放弃希望。对于大多数人都能听出来的拒绝之词，他却不断地按照负责人的要求提升和完善自我。正是拥有这种锲而不舍的精神，他才能创造机会，让自己成功地打开机会的大门，也从此掀开了人生的新篇章。

朋友们，人不但要把握机会，更要善于创造机会。很多时候，只要我们开动智慧的头脑，就能够让机会从天而降，从而使我们得到机会的青睐。只有善于创造机会，并且能够张开双臂迎接机会到来的人，才有希望获得成功。尤其是对于职场人士而言，如果一味地等待，只会白白浪费宝贵的青春时光。所以，与其被动等待，不如主动出击，我们只有成为强者，才能成功掌握命运的航向。

不如把握好当下，过好今天

命运对于每个人都是公平的，每个人的人生都有三天，即昨天、今天和明天。而且，每个人在人生之中唯一能够把握的只有今天，因为昨天已经过去，已成为不可更改的历史，而明天还未到来，远远地遥不可及。我们要想充实人生，让我们的一生没有遗憾，就要把每一个“今天”都当成独立的一天。唯有如此，我们才能把握当下，活得更加充实而又美好，遗憾的是，很多朋友对于人生的三天总是会产生混淆。明明昨天已经成为历史，他们却为昨天的自己做得不够美好而总是对自己感到不满意，也导致自己的今天陷于懊丧之中，无法全力以赴做好当下的事情。

毫无疑问，每个人憧憬生命中的明天是理所当然的，但是如果我们过于憧憬明天，甚至到了白日做梦的程度，那么最终的结果就是我们白白浪费了今天的时间，错失了今天。这么做的结果是什么呢？要知道，每一个人的明天都是由今天决定的，唯有充实地度过今天，我们才有可能拥有美好的明天。所以朋友们，从现在开始，既不要沉湎于过去无法自拔，也不要盲目憧憬未来。要知道，我们眼下的今天在未来就会成为我们的昨天，而我们要想拥有美好的明天，也必须过好现在的每一个今天。如此绕口令似地说了这么多，其实无外乎告诉大家，只有今天才最有意义，才是生命中绝无仅有的一天，才是对我们至关重要的。

1871年，温暖的春季，在蒙特瑞综合医院，一个迷惘的年轻人捧起了一本书，读了起来。在这本书里，他看到了影响自己一生的一句话。原本，他对于自己的人生感到茫然无措，甚至不知道该何去何从。他总是陷入无边无际的忧虑之中，不知道自己该做些什么，也为即将到来的期末考试忧虑，更担心自己毕业之后能否进入一所好的医院，或者开一家属于自己的诊所，从而拥有未知的生活。毫无疑问，这位年轻人实在想得太多太长远了，所以他才会陷入忧虑之中无法自拔。

正是这句话，使他从此之后改变了人生态度，再也不会因为没有到来或者已经发生的事情忧虑。相反，他从此之后集中精力做好手中的事情，学好医学知识。最终，他不但成为了牛津大学的教授，还创办了举世闻名的医院。可以说，他在医学领域取得了伟大的成就，因为他的杰出贡献，英国女皇还册封他为爵士。他，就是威廉奥斯勒爵士，那么，他到底看到了怎样的一句话，才使自己的人生茅塞顿开呢？他看到的话就是——“人生之中最要紧的不是看着模糊的未来，而是把现在的事情做好”。

正是凭借着这句话，威廉奥斯勒爵士获得了成功，在医学领域取得了让世界瞩目的成就。其实，我们一生之中的很多时刻，都在为遥远的、还未发生的事情担忧。殊不知，这些事情未必会发生，而且即便真的发生了，也未必如同我们想得那么糟糕。所以我们与其为了未来焦虑，不如把握好当下，过好今天。

毋庸置疑，不管是平庸的人生，还是不同凡响的人生，都是由无数个今天组成的。可以说，伟大的人生就是由每一个充实的今天组成的，我们要想人生与众不同，就要过好今天。因而，明智的朋友一定知道，要把每一个今天当成人生中独立的一天，我们才能从过去的成功或者失败中走出来，把今天当成人生的新起点。唯有把每一个今天当成是人生中独立的一天，我们才不会因为憧憬未来而浪费当下的宝贵时间，从而用今天的努力奠定美好明日的基础。珍惜今天吧，在昨天、今天和明天中，今天才是决定我们拥有怎样人生的关键因素！

第08章 青春与诱惑同行，选择向左还是向右

青春与诱惑同行，真正的成功还在于正确选择。拒绝诱惑，选择一种平淡人生，却可以活出心灵的伟大；沉溺诱惑，也许繁华耀眼，却只剩下卑微。在形形色色的诱惑面前，不如胸怀赤子之心，抵制诱惑，还生命一个真实。

选择适合的，别在贪婪中迷失

“贪者，恶之大也”“祸莫大于不知足”“非智之不足，非技之不胜，利令智昏，贪婪之心，才是天下祸机之所伏”。贪婪是人性的一大弱点。一般而言，贪婪心理的形成主要有以下几个方面：错误的价值观念；认为社会是为自己而存在，天下之物皆为自己所拥有。这种人存在极端的个人主义思想，是永远不会满足的。他们会得陇望蜀，有了票子，想房子，有了房子，想位子，从不会满足。于是，他们陷入了无止境的欲求之中，一旦自己的欲求得不到满足，就开始产生焦虑情绪，如此一来，又有何快乐可言？

对此，我们始终要记住的一点是，这个世界的每一个角落里，都充满了诱惑。各种各样的诱惑像空气一样，无所不在，无孔不入。我们只有始终告诫自己别贪婪，才能找到自己的位置，才不会迷失自己。

有这样一个故事：

从前，一家兄弟三人，老大是笨蛋一个，四十好几的人，还是光棍一条。整日里破衣烂衫，连一身像样的衣服都没有。有人问他："你最大的心愿是什么？"他情不自禁地脱口而出："要随我意，天天新衣。"

而老二，则是小康之家，衣食无缺。只是长相太丑陋，又找了一个比他还要难看的女人为妻。所以，当问到他的心愿时，他就迫不及待地说："要随我心，天天娶亲。"

而老三由于经营有方，再加上天资聪慧和时来运转，已经是远近闻名的富豪了。当人们问他有什么心愿时，他则毫不顾忌地说："要随我心，挖一窨金。"

虽然这只是个故事，但从中足可以深刻地看出人的贪婪之心。"人心不足蛇吞象"，多么贴切的比喻。贪婪之心，就像是一个恶魔，一旦附身，就会让人难以善终。仔细想想，其实我们每个人又何尝不是如此呢？

很多时候，我们遇到的选项都是非常具有诱惑力的，却不能同时拥有。在选择时，我们往往会斤斤计较，患得患失，优柔寡断。由于在矛盾中停留太久，什么都想得到，最终却什么都没得到。生活的辩证法就是如此，有得就有失，有失也有得，得与失是矛盾的统一体。在鱼和熊掌不可兼得时，你必须有取有舍，取就必须舍，舍了才能取。例如，要成功就必须放弃享乐；选择家庭的同时就得放弃单身生活的很多自由空间；选择内心平静的同时就得放弃对权力和金钱的角逐。

人的一生中，总要面对各种选择。很多时候，还必须对遇到的多种可能作出单项选择。例如：未婚时遇到了两个以上令自己心动的异性；有了幸福家庭后却又发现了让自己更为心仪的目标；毕业生选择就业时遇到两份同样待遇丰厚、前景良好的工作；购物时，琳琅满目的商品哪样都令人爱不释手，等等。当遇到多个选项、鱼和熊掌又不可兼得的时候，你有能力和魄力作出明智正确的抉择吗？

选择是一门看似简单却十分有讲究的艺术，人的一生，就是一个不断进行选择的过程。选择的正误和效率，是一个人价值取向、思想水平、道德意识和判断能力的综合反映。

一些看似无谓的选择其实是奠定我们一生重大抉择的基础，古人云："不积跬步，无以至千里；不积小流，无以成江海。"无论多么远大的理想，伟大的事业，都必须从小处做起，从平凡处做起。所以对于看似琐碎的选择，也要慎重对待，考虑选择的结果是否有益于自己树立的远大目标。

有选择就必然有放弃，而放弃，对每一个人来说，都有一个痛苦的过程，因为放弃，意味着永远不再拥有，但是，不放弃，想拥有一切，最终你将一无所有，这是生命的无奈之处。如果你不放弃眼前的热烈，就无法享受花前月下的温馨……生活给予我们每个人的都是一座丰富的宝库，但你必须学会放弃，选择适合你自己应该拥有的，否则，生命将难以承受！

生活中，每个人都有着不同的发展道路，都面临着人生无数次的抉择。当机会来临时，只有那些树立远大人生目标的人，才能作出正确的取舍，把握自己的命运。树立了远大目标，面对人生的重大选择就有了明确的衡量准绳。孟子曰，舍生取义，这是他的选择标准，也是他人生的追求目标。

在面临选择时，我们必须清醒地知道，我们需要什么，哪些才是对自己最重要的，哪些才是最适合自己的。

一位笃信佛陀的人走到了悬崖边时，不小心脚下一滑，从高处跌入深谷，所幸抓住了一根树枝。他极其虔诚地求佛陀挽救自己，佛陀真的显灵了。佛陀让他放下手中的树枝，可是那个人不肯放下，继续把树枝抓得很紧很紧。佛陀摇了摇头说："你不肯放手，任谁也救不了你。"

山神指引两个穷人到了一个巨大无比的宝库中。进门前，山神叮嘱他们，宝库开启的时间很短，拿到想要的财宝就赶快出来。其中一人进去后，拿了两块黄金就出来了。可另外一人看到里面耀眼的财宝，什么都想要，不知道该拿什么好，正犹豫间，宝库的大门紧紧地关闭了。

可见，有些选项看似诱人，但如果不适合自己，就要果断舍弃。作出什么样的选择，要视自身条件和具体情况而定，要有主见，不能人云亦云。

有时候，我们选择的似乎只是如何处理问题的方式方法，但实际也是在对自己的人品、人格作出选择。选择必须考虑到社会效益，不能因一时之快或蝇头小利而失去做人的道德、自己的良心和他人的信任。

总之，人生的大多数时候，无论我们怎样审慎地选择，终归都不会尽善尽美，总会留有缺憾。但缺憾本身也是一种美。我们不妨想想，就连权倾天下的统治者都无法拥有天下所有的最美，何况是常人。既然作了选择就不要再后悔，只要是最适合自己的，就是明智、理性和智慧的选择。

远离欲望，追寻最初的内心

古往今来，凡是成功人士，往往具有一个共性特质：善于自律，以实现某种目标。在我们追求梦想的路上，也充溢着形形色色使人难以抵制的名利诱惑，我们只有秉持一颗忠诚的心，才能坚守原则，不被诱惑打倒。

美国著名的心理学家米卡尔曾经做过一项著名的“糖果实验”。

实验的对象是一群四岁的孩子。米卡尔将他们留在一个房间里，然后发给他们每人一颗糖，告诉他们：“你们可以马上吃掉软糖，但如果谁能坚持到我回来的时候再吃，就能得到两块软糖。” 他离开后，大概有百分之三十的孩子因为经受不住糖的诱惑而吃掉了糖；有一部分孩子一再犹豫，等待，但还是忍不住诱惑，将糖塞进嘴里吃了；而另外一部分孩子却通过做游戏、讲故事甚至假装睡觉等方法抵制诱惑，坚持了下来。20分钟后，实验者回到房间，坚持到最后的孩子又得到了一块软糖。

实验者跟踪研究了14年后，发现前后两种孩子的差异非常显著。坚持下来、自制能力强的孩子社会适应力较强，较为自信，人际关系也较好，也较能面对挫折，会积极迎接挑战，不轻言放弃。相反，那些自控力差的孩子怯于与人接触，优柔寡断，容易因挫折而丧失斗志，经常否定自己，遇到压力容易退缩或不知所措，更容易嫉妒别人，更爱计较，更易发怒且常与人争斗。这些孩子在中学毕业时又接受了一次评估，结果表明，4岁时能够耐心等待的孩子在校表现更为优异，他们学习能力较好，无论是语言表达、逻辑推理、集中精力、制订并实践计划、学习动机等都比较好。更让人意外的是，这些孩子的入学考试成绩普遍较高，而最迫不及待吃掉糖果的那三成孩子，成绩则最差。

由此，我们可以看到，一个人要想成功，跟他控制住自己的欲望有着非常密切的关系。

然而，在物质财富极大丰富、文化多元的现代社会，人们的需求和欲望不断地膨胀，人们很容易在追求物质的感官享受中逐渐迷失自我，像一艘失去航向和动力的大船，或远离航道，或停滞不前。事过之后才清醒，却只有追悔莫及，抱憾终生。可见，我们只有远离了诱惑，才会远离危险，才会离成功更近一点。

中国人常说，“欲望无止境”，孔子也曾说过一句很有名的话：“富与贵，是人之所欲也，不以其道得之，不处也。贫与贱，是人之所恶也，不以其道得之，不去也。”意思是：富贵是每个人都想要的，但如果不是用光明的手段得到的，就不要它。贫贱是每个人所厌恶的，但如果不是以正大光明的手段摆脱的，就不摆脱它。也就是说，我们每个人都有追求成功和幸福的欲望，但不能被欲望控制。

对某些人来说，生命是一团欲望，欲望不能被满足便痛苦，满足便无聊，人生就在痛苦和无聊之间摇摆，这样的人生无疑是可悲的。

尼采说，人最终喜爱的是自己的欲望，不是自己想要的东西！能够控制欲望而不被欲望征服的人，无疑是个智者。被欲望控制的人，在失去理智的同时，往往会葬送自己。

我们先来看下面这样一则寓言故事：

一只正在偷食的老鼠被猫逮住。老鼠哀求：“请放过我吧，我会送给你一条大肥鱼。”猫说：“不行。”老鼠继续说：“我会送给你五条大肥鱼。”猫还是不答应。老鼠仍不死心：“你放了我，以后我每天送给你一条大肥鱼。逢年过节，我还会拜访你。”

猫眯起眼睛，不语。

老鼠认为有门儿了，又不失时机地说："你平常很少能吃到鱼，只要肯放我一马，以后就可以天天吃鱼。这件事情只有天知地知，你知我知，其他人都不知道，何乐而不为呢？"

猫依然不语，心里却在犹豫：老鼠的主意的确不错，放了它，我就能天天吃到鱼。但放了它，它肯定还会偷主人的东西，胆子越来越大。我再次抓住它，怎么办？放还是不放？如果放，它就会继续为非作歹，主人会迁怒于我，把我撵出家门。那时，别说吃到鱼，就连一日三餐都没了着落。如果不放，老鼠或其同伙就会向主人告发这次交易，主人照样会将我扫地出门。如果睁只眼闭只眼，主人会认为我不尽职守，同样会将我驱逐出去。一天一条鱼固然不错，但弄不好会丢掉一日三餐，这样的交易不划算。

想到这些，猫突然睁大眼睛，伸出利爪，猛扑上去，将老鼠吃掉了。

猫是聪明的，它的选择也是正确的。面对老鼠的许诺，它最终还是选择了一日三餐。一日三餐便是它的底线，猫当然希望一日一鱼，但连起码的一日三餐都保不住的话，一日一鱼便成了水中月、镜中花。

可悲的是，现实生活中的一些人，总是不安于现状的，他们并不是被那些"一日一鱼"所诱惑到，而是总有无止境的追求，于是，便在这所谓的追逐中失去了原本快乐的自我。

古人云："壁立千仞，无欲则刚。"在诱惑面前，我们只有做到"无欲"，做到心理平衡，才能抵挡得住诱惑。具体来说，我们应做到：

1.坚定信念

信念是一股强大的精神力量，它能起到支持我们行动的作用，是我们不断努力的力量源泉，还可以让我们的内心穿上一层保护衣，从而屏蔽诱惑。所以，在遇到诱惑的时候，尤其不要放弃你心中的信念，因为它是你继续前进的动力和生存下去的支柱。

2.认清不良诱惑的危害

面对纷繁复杂的诱惑，人们必须保持足够的定力，认清它背后存在的各种危险。因此，当你彷徨的时候，不妨问问自己："如果我做了这件事，会有什么后果？""它是不是真的能带来成功呢？""为此，我会失去什么？"多问自己几次，你就能权衡出利弊得失了。

3.做到专注于本职工作与慎微并行

抵制诱惑是一种意志和信念的较量，这需要掌握一种有力的心智盾牌——专注，唯有专注才能抵御诱惑。俗话说，"勿以善小而不为，勿以恶小而为之"，如果小事不注意，小节不检点，久而久之，必然会出大格。

别让梦想在追逐名利中搁浅

生活中，我们每个人都有着属于自己的梦想，但是为了生活，为了生计，可能会与当初的梦想背道而驰。有一部分人，年少时他们也曾有着自己的梦想，但在对梦想不断追求的过程中，他们经受不住来自外界的诱惑，逐渐被尘世中的名与利迷乱了双眼，并在名利中沉沦下去，而当他们回首过去时，却发现，自己已经离当初的梦想太远了。

在一个漆黑的、狂风暴雨的夜晚，大副从驾驶室出来走向船长说："船长，船长，我们的海道上有灯光，而且他们不愿移开。"

"他们不愿移开是什么意思？叫他们移开，告诉他们立即右偏。"

信号发了出去："右偏，右偏。"发回来的信号说："你自己右偏。"

"我就不信。这是怎么了？让他们知道我是谁。"信号发出去："这里是密苏里巨轮，请右偏。"信号发了回来："这里是灯塔。"

事实上，我们内心的梦想就犹如灯塔，能指引我们的行为，不至于迷失自我。从小到大，每个人都会有许多梦想，有人说，"年少时，梦想往往很远大；成年后，梦想常常会缩小；步入盛年，我们的梦想或许越来越少，但是，我们的梦想不再不切实际，而是可以通过努力去实现的。”但实际上，年少时的梦想本来同样可以实现，只是很多时候，在对名利的追逐中，我们把它搁浅了。的确，名利的车轮沉重缓慢得碾碎了许多人的梦想。

王鹏和李瑞是两个很好的朋友，他们一起从家乡偏远的小城镇考到了上海数一数二的名牌大学建筑系。在高中时代，王鹏的成绩明显地胜过李瑞一筹，但这种现象在大学时期并不是很突出。在四季的更替中，四年大学生活很快就结束了，李瑞由于善于交往，有着不错的人际关系，毕业后落脚在上海，而且捞到了一纸上海户口。而王鹏则毕业之前因家里父亲病重而回了趟家，考研及毕业联系就业单位的事情全耽误了。随后他一路不顺，在上海尝试到几家公司去应聘，均遭到拒绝，最后，他回到了老家的食品厂就职。

在刚开始时，王鹏对于工作很不适应，与周围的人也格格不入。他仍然保有考研的志向，并坚持学习着，但离下次研究生考试还有近一年的时间，他在这漫长的等待中煎熬着。

在接连收到单位发放的还算不错的工资和奖金后，王鹏似乎觉得有些满足了，他渐渐地适应了小镇的环境和单位的境况，而且学会了揩油，时不时也能尝到在这里工作的甜头。后来，考研的话越来越少地被他提起，他似乎开始享受这种不愁吃喝的生活。没多久，有人开始给他做媒，单位也决定给他分房，涨工资……

就这样，一晃十多年过去了，他依旧在食品厂工作着，但不同的是，现在他的生活安逸多了，他晋升成了厂子里的副总，开着名车，住着别墅，风光极了。可是一起事件结束了这一切，原来，他为了扩充食品厂的厂房基地，看中了市郊的某片地，在投标的过程中，他使用了一些非法手段，当然，这些被曝光后，他只得身陷囹圄。

其实，生活中，和故事中的王鹏一样，因为一些蝇头小利而放弃自己当初的梦想，甚至自甘堕落者并不少见。

那么，我们如何才能做到在追求梦想的同时不在名利中沉沦呢？

第一，树立正确的人生态度。

人生态度，是贯穿于人的一生的，它具体表现在人们对于人生中所遇到的每个问题上的态度，这种态度决定了人们的行为。当然，人们的人生态度不同，在人生的每个阶段上的态度也会有所不同，但正是不同的人生态度造就了不同的人生结果。

一个人只有拥有正确的人生态度，才能正确处理好人生道路上的种种问题，才能获得成功、圆满的一生，否则，他不仅会在处理每个具体问题上失败，他的一生也不会有一个好的结局。

第二，坚信自己的梦想。

据说，有一次，爱因斯坦上物理实验课时，不慎弄伤了右手。教授看到后叹口气说：“唉，你为什么非要学物理呢？为什么不去学医学、法律或语言呢？”爱因斯坦回答说：“我觉得自己对物理学有一种特别的爱好和才能。”

这句话在当时听似乎有点自负，却真实地说明了爱因斯坦对自己有充分的认识和把握。

人生路漫漫，人生路奇妙，各种突如其来的选择，使我们与许多本来有缘的道路绝缘，走上本来不应产生关系的道路。你需要做的是，选择正确的人生道路，赶快规划自己的人生，永远给自己一个新的机会，从而离属于你的舞台越来越近！

充实内心，过好适合自己的生活

什么叫虚荣心？最直白地说，虚荣心就是一种扭曲了的自尊心。很多人非常看重自己，但是心理又很脆弱，无法只用精神的力量支撑起自尊，往往要依靠很多物质方面与人攀比、超过别人，才能觉得自信，这就是可悲的虚荣心。虽然虚荣心在心理学意义上是一种正常的心态，很多人都有虚荣和攀比心理，但是一旦陷入虚荣心的怪圈，就会给生活和工作带来很多麻烦。虚荣心重的人，处处和别人攀比，不够自信，却要勉强支撑起自信。一旦比不过别人，他们就会心生嫉妒，或者怨恨诅咒别人，或者处处和别人找碴儿，想证明自己更强。更有甚者，在自己的物质条件不如别人的时候，还会铤而走险，为了满足自己可悲的虚荣心，霸占不属于自己的金钱，只为了在某个方面压倒别人。从本质上来说，这是一种心理不成熟的表现。其实，每个人都有自己的生活，不管是学习成绩，还是工作表现，抑或是感情生活，每个人都不可能是整齐划一的。很多时候，老天是公平的，你也许拥有美貌，但是学习成绩不如其他同学好；你也许容貌不出众，但是极富才情，琴棋书画样样精通。就连朱元璋的皇后，在那个年代还是个大脚呢，想到这里，你还有什么心理不平衡的呢？

真正内心强大的人，不会因为其他人其他事扰乱自己的心绪。他们知道，每个人都有属于自己的幸福，我们只要默默享受自己的幸福，不用去满世界炫耀，也不用盲目地羡慕别人。这样的人，才能过得淡然而又平静，不会因为无关的人和事让自己歇斯底里。要知道，我们情绪上的波动，受到影响最大的是我们自己，而不是别人。即使你因为羡慕嫉妒恨使自己夜不能寐，你妒忌的那个对象也依然悠闲自得地过着自己的生活。况且，别人的生活也并非如我们所看到的那般潇洒惬意。你去问问，也许被你羡慕嫉妒恨的人还很羡慕你呢！总而言之，我们应该充实自己的心灵，不要因为无谓的事情郁结于心。

阿米是单位的会计，手里掌管着一定的现金。工作这几年来，她一直兢兢业业，非常谨慎。由于每天都和现金打交道，所以她非常较真，认真负责。不过，最近她的心情不太好，工作上频频出错。为什么呢？阿米的丈夫知道，他家面临着一个大难关。

原来，阿米居然私自挪用了公款。现在，他们全家都在四处借钱，想把这个窟窿补上。阿米这么胆小谨慎的人，为什么会做出如此疯狂的事情呢？原来，都是虚荣心惹的祸。阿米和同事娜娜、巧珠相处得比较好，平日里总是一起吃饭，一起下班。前段时间，娜娜买了一辆车，三十多万呢，巧珠也不甘示弱，不到一个月，就也买了辆车，二十多万。原本下班一起走的三姐妹，眼看着其中两个都开上了豪华的私家车，阿米心里也痒痒了。但是，她老公是个大学教师，不像娜娜和巧珠的老公那样是做生意的，哪里来的二三十万给她买车呢？就连娜娜说借钱买车，也被老公一口否决了。老公说："你脑子进水了吧，就因为人家买车了，你就也要买车。你看看，你从家到单位，骑电动车15分钟，坐公交车也是15分钟，哪里用开车了？况且，车是消耗品，咱们又不是有钱没地儿花了，买那玩意儿干嘛，纯粹是死要面子活受罪。"虽然老公的话说得很有道理，但是看着娜娜、巧珠下班的时候得意地喊她搭便车的样子，阿米心里就像浇了热油，坐立不安。

看着娜娜和巧珠自从有车之后，似乎走路也昂首挺胸了，就连同事们和她俩打招呼的声调都不一样了，阿米就怎么也咽不下这口气。原本的三个好朋友，因为车，阿米似乎一下和另外两个成了仇人。虽然表面上看起来还是和和气气，但是阿米知道自己心里恨得牙都痒痒。最终，阿米一狠心，从公司挪用了一笔刚刚追讨回来的欠款。原本，她的想法很简单，先斩后奏，等到老公知道之后，只能把家里的十几万存款取出来弥补公款，不够的，再去两边父母家里借借也就行了。谁想，就在阿米买车的前一天，她老公把十几万块钱都买了定期的基金。听说阿米私自买车，老公气得火冒三丈，接连说了好几句："日子没法过了，离婚吧，你看看哪个款大，找哪个去！"最终，他们一边吵架，一边借钱，好不容易才把挪用的公款还上，但是公司最终还是知道了这件事情，把阿米开除了。阿米和老公的感情，也因为这件事情，有了很深的裂痕。

虚荣心使阿米陷入攀比，而攀比是永无止境的。还好阿米最终和老公齐心协力还上了挪用的公款，否则后果不堪设想。然而，她失去了工作，也失去了夫妻之间最珍贵的信任，未来要花多长时间才能弥补这件事情造成的裂痕呢？

其实，幸福与否，真的和金钱、物质无关。到底是坐在宝马车里哭，还是坐在骑行车上笑，其中的苦乐只有当事人自己知道。但是有一条是不变的，那就是我们应该淡定地面对生活，从容地行走人生。否则，世界上那么多灯红酒绿，岂是你东奔西跑就能全都追逐到的呢？

突破欲望，才能破茧成蝶

欲望，是人的本能和本性，只要是人，就难免会有欲望，这是不可改变的。任何事情都有其两面性，欲望对人的作用也应该一分为二地看待。从积极的角度看，适度的欲望能够成为我们的动力，激励我们奋发进取。反之，如果人的欲望过多，使自己坠入欲望的深渊，让欲望变得永无止境，那么人就会被欲望裹挟，在欲望的海洋中随波逐流，成为欲望的奴隶。关于欲望，美国作家沃查德曾经说过，“在世界上，对于任何人来说，最不可原谅的事情就是被自己的欲望奴役。”要想真正成为自己的主人，我们就必须学会控制自己的欲望，唯有如此，我们才能突破自身的局限，获得长足的发展。

纵观历史长河，无数人因为欲望而失去自我。周瑜为了和诸葛亮斗气，想在智谋上战胜诸葛亮，无法控制地再三与诸葛亮针锋相对，最后落得吐血而死的下场。假如周瑜能够采取共赢的态度，与诸葛亮取长补短，也许命运就会大不相同。秦始皇统一六国后，因为贪婪的欲望，对百姓苛捐杂税，残暴至极，最终被百姓推翻，自取灭亡。从这些历史人物的身上，我们不难看到控制欲望是多么重要。欲望不但会让人失去理智，也会使人迷失心智，唯有降低欲望，成为欲望的主人，才能始终保持清醒的头脑。现代社会，无数高官因为贪污犯罪锒铛入狱，也是因为被欲望驱使。毫无节制的欲望简直比魔鬼更加可怕，它非但不是我们进步的推动力，反而会成为我们堕落的借口。

作为美国船王，腰缠万贯的哈利在教育儿子小哈利的时候，也有独特的方法。曾经，他对小哈利说："等你23岁时，我就让你掌管公司。"很快，小哈利的23岁生日到来了。出乎他的意料，父亲非但没有教给他任何经营公司的技巧，反而带他去了赌场。父亲把2000美元交给小哈利，让他去赌场上一展身手，并且叮嘱他一定要留下500美元。尽管小哈利再三保证，父亲依然放心不下。果不其然，小哈利一输再输，为了翻本，最终把所有钱都输光了。看到父亲，他万分羞愧，再三强调自己本想把本钱赢回来。

父亲没有训斥小哈利，更没有指责他。他对小哈利说："你需要自己挣到本钱，再次进入赌场。"小哈利四处打工，耗时一个月，终于又挣到700美元。这次，他在进入赌场之前自己给自己定了规矩：一旦本钱输得只剩下350美元，我就离开赌场。然而，这次他又失败了，当他输得只剩下350美元本钱的时候，他根本不愿意离开赌场。当时，他的心里只有一个念头：不顾一切，压上所有的钱，把输掉的钱都赢回来。遗憾的是，他再次输得一分不剩。他害怕了，对父亲说："这辈子我再也不想赌钱了，因为我的性格决定了我只会输光了才出来。"

看着输得分文不剩的小哈利，父亲不为所动，依然坚持让小哈利去赌场。父亲苦口婆心地说："在全世界上，赌场是最冷酷无情、最无常的地方，你必须继续这样激烈的博弈！"无奈之下，小哈利只好再次四处打工，为自己赚取本钱。直到半年之后，他才第三次走进赌场，这一次，他还是厄运相伴，接连输掉了很多本钱。在只剩下一半本钱的时候，他终于坚定不移地走出了赌场。这一次，尽管输掉了很多钱，他却有莫大的成就感，因为他战胜了自己，在合适的时机选择走出赌场。

看到小哈利沾沾自喜的样子，父亲说："你终于知道走进赌场不是为了赢别人，而是为了赢自己。记住，只有控制住自己，你才能成为赢家。"从此之后，小哈利每次进入赌场之前，都会告诉自己：在输掉10%的本钱时一定离开赌场。渐渐地，小哈利居然开始赢钱了，面对父亲的警告，刚刚尝到甜头的小哈利根本不舍得。果不其然，他又顺利地赢了很多钱，但是，被兴奋冲昏头脑的他在急转直下的情势下输得分文不剩。此时，小哈利想起了父亲的叮嘱。

时光如逝，一年之后，小哈利已经深谙赌场之道。无论是输还是赢，只要达到本钱的10%，他都会毅然决然地离开赌场。此时，父亲发自内心地高兴：儿子已经能够控制自己，在赢的时候离开赌场。

当听到父亲要把公司全权交给自己时，小哈利非常惊讶："我根本不熟悉业务啊！"父亲却充满信任地说："经营公司，业务不是最重要的。你已经学会控制自己的欲望和情绪，不管输赢都进退自如，这才是真正的人生赢家！”

欲望是永远填不满的，我们越是纵容自己，就越加贪婪。船王哈利深深知道其中的道理，所以在让儿子接手公司大权之前，唯一做的就是帮助儿子学会控制自己，不管输赢都进退自如。

虽然我们没有万贯家财继承，也没有业务遍布世界的大公司需要打理，然而，人生的道理都是一样的。不管什么时候，我们都要学会控制自己的欲望，只有这样，我们才能真正成为自己的主人，不会迷失方向。否则，一旦陷入欲望的深渊，我们就会被欲望裹挟着前进，完全失去人生的方向。

欲望是深渊，只有控制住欲望，真正成为自己的主人，我们才能拥有自己的人生。不管输赢都进退自如，才有可能成为人生的赢家。欲望会限制我们人生的发展，只有突破欲望，我们才能破茧而出，化蛹成蝶。

第09章

学会独自面对，你才能够成长

生而为人，我们总要独自迎接人生的湍急，独自面对黎明前的黑寂，独自承受无法承受之痛。只有独自面对，对于未来才不会再迷茫彷徨，而是以更坚定的步伐迈向预定的目标，不感到困惑感伤，以积极乐观的心态去迎接每一个黎明。

珍惜年轻光阴，活出精彩人生

现代社会，活着太累了，人们张口闭口就是房子车子和票子，物质充斥着我们生活的每一个角落，让人无处遁逃。这样一个崇尚金钱和物质的时代，可就苦了年轻人了，因为他们既没有房子，也没有车子，更没有票子。所以，很多年轻人常常会满怀苦恼地问自己：我有什么呢？尤其是到结婚的时候，在房价越来越高的这个年代，他们更会问自己：我要房没房，要钱没钱，凭什么娶老婆呢？其实，年轻人有一个最大的资本，那就是年轻，年轻就是资本。当爱情遭遇房子的滑铁卢时，年轻人不妨自信一些，问问所爱的人：如果现在有一个行将就木的百岁老人，住着大别墅，开着豪车，你嫁吗？如果她回答嫁，那么你什么也不用说了，默默地分手吧，和一个拜金女还有何爱情可谈呢？如果她斩钉截铁地说"不嫁"，那么恭喜你，可以接着说："既然你看中的是我这个活生生的人，那就相信咱们携手并肩一定能创造美好的未来！"现代的婚姻生活，不再像传统的婚姻生活那样，一切都是需要男性提供。既然男女平等了，家，当然是由两个人携手并肩去创造。既然她看中的是你年轻强壮的肉体和灵魂，也就要接受你现在正处于人生起步阶段的赤贫。只有付出，才能收获，人生历来如此，不管在哪个方面。

因为年轻，我们不担心找不到好工作。我们可以在大学毕业后，积累工作经验，慢慢发展，不断地突破瓶颈，取得质的飞跃。因为年轻，我们不怕犯错，因为成长就是从错误中一路走来的收获。因为年轻，我们不怕失去，失去了可以再次努力去获得。因为年轻，我们不怕时光飞逝，因为我们还有很多的青葱岁月。这就是年轻，美好的年轻时代一去不返。在我们年轻的时候，从来没觉得年轻多么美妙，多么珍贵，等我们终于有一天开始感慨年轻真好的时候，才意识到我们已经无可挽回地老了。所以，因为年轻，我们要更加郑重其事地度过每一天，因为年轻一去不返。因为年轻，我们要慎重地对待工作，因为等到四十岁再找一家公司好好干就晚了，资历，一定要在四十岁之前积累起来。因为年轻，我们不能挥霍生命中的美好，因为挥霍一样少一样。因为年轻，我们更加要珍惜时光，你会发现年轻是学习、工作、充实生活的最好的时段。所以，年轻人，认真地活吧，只有珍惜年轻的光阴，才能活出精彩的人生!

时宇在现在的这家公司已经工作十年了，大学毕业他就来了，转眼之间，十年已经过去了。刚刚进入公司的时候，时宇还是个毛头小伙子，什么都懵懵懂懂的，现在的他，已经是两个孩子的爸爸了，即将奔赴中年。在公司十年，时宇已经从基层做到了中层管理者，然而，由于是国有企业，再想往上发展就很难了，因为上面的领导位置一个萝卜一个坑，短期内根本没有升职的空间。

前几个月，时宇就考虑辞职。不过，因为想到家里的两个孩子，再加上房贷、车贷，经济压力比较大，也担心辞职之后暂时没有好的去处。不过，当妻子知道他的心事后，非常支持他辞职。妻子说："放心吧，我也有工资，家里也有一些积蓄，虽然不多，也能支撑一年半载的。而且，你有这么丰富的工作经验，应该很容易就能找到工作。继续留下来，虽然工资待遇等都很稳定，但是咱们还年轻，三十多岁正是拼搏的好时候，就这么按部就班地耗下去也不甘心。"妻子的支持给了时宇很大的动力，他下定决心辞职了。

三个月之后，时宇去了一家私企。这家企业虽然规模没有之前的国企大，但是很有发展前途。时宇在国企十年的管理和工作经验正是他们欠缺的，所以，老总聘用时宇为副总，给出的薪水待遇也比之前高了很多。最重要的是，进入这家公司之后，时宇觉得自己施展的平台变大了。整个公司，除了老总，他是一人之下，几百人之上。很多好的想法，他都能在与老总达成一致之后马上实施。果然，公司在时宇和老总的齐心协力之下，发展得越来越好。时宇在国企十年积累的一些人脉，在新公司也派上了大用场。半年之后，老总就非常认可时宇的才华，决定给时宇15%的股份，让他成为公司的股东。现在的时宇，每天意气风发，似乎回到了二十几岁热情澎湃的时代，妻子看在眼里，乐在心里。

如果没有趁着年轻辞职，再在国企待十年，即使对现状再怎么不满，时宇也不会有魄力辞职了。幸好有妻子的支持，所以他在青春正好的三十多岁，开辟了人生的新舞台。常言道，人挪活，树挪死，虽然我们不主张频繁跳槽，但是当发展遇到瓶颈的时候，一定要趁着年轻早些规划人生。

年轻真好，我们一定要珍惜这段转瞬即逝的美好人生！

你的幸福来源于你身

人的本性是群居动物，很害怕孤独。很多时候，虽然我们置身于闹市，身边是熙熙攘攘的人群，我们依然会觉得很孤独。归根结底，人是孤独的，人之所以喜欢群居，也恰恰是因为孤独。一个人，不管身居高位还是身份卑贱，人缘好或者不好，也不管是有钱还是贫穷，都需要学会独处，独处，是我们面对自己内心的姿态。如果一个人的幸福只来源于身外之物，那么他不会觉得幸福，他的幸福也很容易就会失去，真正的幸福，应该在于自己。如果一个人就像叔本华说的那样“我的幸福来源于我身”，那么，他一定能够感受到真正的幸福。

人和人之间就像刺猬一样，离得远了，感觉寒冷；离得近了，被对方的刺扎得生疼。因此，越是人群聚集的地方，人际关系也就越复杂和危险，这是人们越热闹反而越觉得孤独的根本原因。面对自己的不同，我们可以安静地审视自己的内心，无条件地接纳和包容自己的一切。即使反省，对自己而言也是一种收获，独处，没有被刺扎伤的危险。越来越多的人喜欢独处，一个人安安静静地待着，看看好莱坞大片，捧起一本书，品味一杯茶，独处的人生，恬静淡然，与世无争。独处能够帮助我们保持最真实的自我，不至于在熙攘的人流中走失自己。人生，是一个不断离去和归来的过程，能够做到以最美的姿态和自己相处，才是真正的成功。细心的人会发现，当一个人待久了，会非常渴望回到杂乱喧嚣的人群中；在人群中待久了，又恨不得回到人迹罕至的原始森林，倾听花开花落、雾气升腾的声音。归去来兮，在现代人的精神家园一次又一次上演。

年幼的时候，他就尝尽了孤独的滋味，在一个人的童年里，他爱上了绘画。刚开始，他在白纸上画，后来，他在墙壁上画。成为小学生之后，他的气质显然与众不同。他常常说，他的内心不孤独，他的心里住着两个自我，一个在和小朋友玩耍，一个在旁边审视。他着迷于绘画的世界，也很喜欢安静地坐在那里看书。他的梦想是成为一名画家，不想，父母坚决反对他高考报考艺术专业。对于父母的执拗，他并没有剧烈地反对，而是要求父母为他找一个能画画的理工科。最终，父母真的找到了满足他要求的理工科——建筑系，的确，建筑系是唯一能够合理画画的理工科专业。他懵懵懂懂，根本不知道建筑系到底是学什么，毕业以后出来能做什么。

上了大学二年级之后，他不再迷信老师，而是开始泡图书馆，各种书都读，就像填鸭子。他说，那个时代的人们，都在如饥似渴地学习，不管学的是什么。大学毕业后，他进了浙江美术学院下属的一家公司工作。随后，就是恋爱、结婚、生子，按部就班，日子安稳幸福。没过几年，他不甘心这样的生活，辞职了。在很多建筑师同学都发家致富的时候，他却像隐士一样每天都和工匠们在工地上劳动，闲了就看书、赏西湖、看朋友。他从不追求潮流，这使他最终形成了自己与众不同的风格。他喜欢传统的建筑风格，宁愿一个人前行，也不愿改变。他想创造出能够微笑的建筑，那是建筑师与建筑之间的默契。他叫王澍，在中国美术学院建筑艺术学院担任院长。

2012年5月25日，王澍在人民大会堂为祖国争得了伟大的荣誉。他获得了普利兹克奖项，这个奖的含金量很高，和“诺贝尔”一样。这个荣誉不仅属于王澍，也属于全中国。谈起自己的成功经历，王澍非常感谢自己孤独的生命时光。没有孤独，他就不会独处，不会爱上画画；没有孤独，他就不会坚持自己的风格，与建筑物微笑交流，独处，成就了王澍。

上述事例中，王澍的成功得益于孤独和独处。现代社会，生活压力越来越大，节奏越来越快，人们已经没有耐心审视自己的内心。独处的人则不同，他们常常与自己对话，与生命交流。

年轻人，当你们忙于工作、终日奔波的时候，不妨也抽时间让自己独自相处，面对自己的内心和灵魂。独处是最美的姿态，是人生的智慧，只有学会独处，你们才能更加透彻地理解和感悟人生。

面对熟悉而又陌生的自己，独处是你最宝贵的光阴。独处是一种姿态，也是一种面对生活的态度，更是一种人生的境界。只有内心充实的人才不会害怕独处，因为独处的时候有自己陪伴，独处，从自己的内心寻找幸福。

无须解释，一切用行动证明

人，是一种强烈需要认同感的动物。所以，很多时候，我们把大量的时间都用于向别人解释我们的所作所为。但是，如果我们的作为没有损害别人的利益，也没有影响别人的生活，我们为什么要解释呢？仅仅是因为需要别人对我们说“看，他做的是对的”这句话吗？其实，前文就曾经说过，在这个世界上，不管我们多么努力，多么委曲求全，我们都无法让所有人都喜欢和认可我们。所以，我为什么要解释呢？我只需要做好自己，不损害别人的利益。对于懂我的人，我不说，他也会明白，对于不懂我的人，即使我说得口干舌燥，他对我也依然是不理解。也许有人会说，我们总是需要鼓励和支持，没关系，三两个知己的全力支持，足够支撑你走完艰难的成功之路。

曾经有人说，解释就是掩饰，掩饰就是确有其事。这句话未免失之偏颇，因为它把所有的解释都曲解为欲盖弥彰。说这句话的人，不会信任任何人，而生活中这样的人不在少数。对于他们，一句话的解释都是多余的，因为他们从内心深处就不愿意相信别人，又怎么会在乎别人说了什么呢？其实，他们之所以如此抵触解释，就是害怕真相。对于拒绝真相的人，就更没有必要去解释了。古人说，清者自清，浊者自浊，我们做人做事，只要凭着自己的良心，做到问心无愧就好，无须过多地在意别人的看法。毕竟，每个人都有自己的观点和考量，不会所有人都站在你的角度去考虑问题。很多时候，用语言去解释是苍白无力的，远远不如用时间和行动证明自己，这会比三寸不烂之舌更加让人信服。

菁菁和阿丽是大学时代的同窗，也是最好的闺蜜。大学毕业后，菁菁去了上海打拼，阿丽则回到了家乡的小县城，当了一名教师。对于刚毕业的大学生来说，回家真的是一种无奈的选择，虽然人回到了家乡，心却不甘。阿丽在家一边当着老师，一边向往着繁华的大上海。她常常问菁菁工作的情况，当听说菁菁一个月能挣到五六千的时候，阿丽恨死自己一千多块的工资了。然而，父母坚决反对她辞职，她自己也担心到了大城市太苦太累，不能适应。就这样，两个好朋友天各一方，不过也一向都有着联系。

几年之后，阿丽谈了个男朋友，到了谈婚论嫁的年纪。阿丽想买房，却没有那么多钱，想起好友菁菁在上海一个月工资那么高，肯定有很多积蓄，她向菁菁求援了。不想，菁菁说自己也在准备买房，而且积攒的工资都在股市里，一下子也拿不出来。听到菁菁的话，阿丽伤心极了，她觉得肯定是好朋友不想帮自己，所以找了推托之词。

有一段时间，阿丽不再联系菁菁，偶尔菁菁和她聊天，她也是爱答不理的。对此，菁菁并没有解释什么，她只说："各人有各人的难处，大城市开销很大，房价也贵得离谱。"就这样，两个好朋友生分了，淡淡地保持着联系。

直到阿丽和男友结婚度蜜月去了一趟上海，她才知道菁菁在上海生活得并不像她想得那么风光。首先，就是上海的房价的确是太高了，难怪菁菁提到买房的时候满是无奈呢！此刻，阿丽知道了菁菁所说的房奴是什么意思。其次，在大城市生活，各种成本和开支飙升，菁菁虽然拿着高薪，手里却近乎没有积蓄。这次蜜月旅行，阿丽没有打扰菁菁。回家之后，她渐渐地和菁菁恢复了亲密友好的关系，虽然菁菁依然没有解释。

作为旁观者，我们永远不知道当事者真实的情况。就像事例中的阿丽，如果不是蜜月旅行去了上海，亲身体验了上海的高消费，高房价，也许还会一直埋怨菁菁没有帮她。幸好，这趟旅行让她理解了菁菁的苦衷。虽然菁菁自始至终都没有解释，好闺蜜阿丽却了解了菁菁的生存状况。对于阿丽这样的真朋友，不需要解释，她也能理解。

生活中，工作中，误解常常发生，如果我们总是想把所有人心中对我们的疑惑都消除掉，那么我们就什么也做不成了。对于值得珍惜的人，再难也要解释清楚，对于不相干的人，再简单也无须解释。误解始终存在，我们却要坦然地活着，坦然地做最真的自己。

独立思考，有自己的想法

日常生活中，可能我们都有这样的感触：对于那些已经经过前人证实的观点或者众人都认同的思想，我们通常会本能地接受，省略思考的过程。而事实上，如果一个人总是有从众心理的话，那么，他最终会变得随波逐流、毫无创新意识和创新能力，进而一事无成。

哲学家尼采说：“我们不能被人们的心理波动所驱使，错误地判断事物是否重要。”也就是说，对于任何事物，我们都要有自己的思考，要养成凡事不要看表象的习惯，有问题时就要有寻根究源的欲望，然后巧用逻辑思维找到答案，这一点，一千多年前的伽利略就给我们树立了榜样。

在伽利略之前，古希腊的亚里士多德认为，物体下落的快慢是不一样的。它的下落速度和它的重量成正比，物体越重，下落的速度越快。比如说，10千克重的物体，下落的速度要比1千克重的物体快10倍。

1700多年以来，人们一直把这个违背自然规律的学说当成不可怀疑的真理。年轻的伽利略根据自己的经验推理，大胆地对亚里士多德的学说提出了疑问。经过深思熟虑，他决定亲自动手做一次实验，他选择了比萨斜塔作为实验场。

这一天，他带了两个大小一样但重量不等的铁球，一个重10磅，是实心的，另一个重1磅，是空心的。伽利略站在比萨斜塔上面，望着塔下。塔下面站满了前来观看的人，大家议论纷纷。有人讽刺说：“这个小伙子的神经一定是有病了！亚里士多德的理论不会有错的！”实验开始了，伽利略两手各拿一个铁球，大声喊道：“下面的人们，你们看清楚，铁球就要落下去了。”说完，他把两手同时张开。人们看到，两个铁球平行下落，几乎同时落到了地面上，所有的人都目瞪口呆了。

伽利略的试验，揭开了落体运动的秘密，推翻了亚里士多德的学说。这个实验在物理学的发展史上具有划时代的重要意义。

表面上看，重的铁球应该是最先着地的，但实际上，伽利略向所有人证实了事实并不是如此。

从这里，我们应该启示，很多时候，事物的表象往往具有迷惑作用，要想拨开迷雾，你就要善于运用逻辑思维。因为思维既不同于以动作为支柱的动作思维，也不同于以表象为凭借的形象思维，它摆脱了对感性材料的依赖。

一位心理学家称，每个人都容易羡慕别人，因为在比较中，你总会发现比你优越的人。很多人不禁感叹，自己何时能赶上别人？世界著名的成功学大师拿破仑·希尔著有《思考致富》一书，在书中，他提出是“思考”致富，而不是“努力工作”致富。希尔强调，最努力工作的人最终绝不会富有，如果你想变富，你需要“思考”，独立思考而不是盲从他人。

人都是独立的个体，对事物都应该有一个主观的看法和评价，一味顺从别人的看法，你将找不到属于自己的路。然而，我们的生活中有这样一些人，他们已经习惯了听从他人的意见，甚至缺乏判断力和选择的能力，这样的人又怎么可能获得别人的尊重，又怎么可能独当一面呢？

所以，生活中的人们，如果你希望在未来社会闯出一片天地，那么，从现在起，无论遇到什么，都要学会独立思考，别人云亦云。

曾经有一个叫魏特利的人，他经历过这样一件事：

19岁那年，他的朋友特别多，一天，有个朋友和他约好，就在周日早上，他们一起去钓鱼，魏特利很高兴，因为他还不会钓鱼。

因此，头天晚上，他先收拾好所有装备，比如，网球鞋、鱼竿等，并且，因为太兴奋，他居然穿着自己刚买的网球鞋就上床了。

第二天一大早，他就起床了，把自己的东西都准备好，并且，还时不时地朝窗外看，看看他的朋友有没有开车来接他，但令人沮丧的是，他的朋友完全把这件事忘记了。

魏特利这时并没有爬回床生闷气或是懊恼不已，相反，他认识到这可能就是他一生中学会自立自主的关键时刻。

于是，他跑到离家最近的超市，花掉了他所有的积蓄，买了一艘他心仪已久的橡胶救生艇。中午的时候，他将自己的橡胶救生艇充上气，顶在头上，里面放着钓鱼的用具，活像个原始狩猎人。

随后，魏特利来到了河边，他摇着桨，滑入水中，假装自己在启动一艘豪华大油轮。那天，他钓到了一些鱼，又享用了带去的三明治，用军用壶喝了一些果汁。

后来，他回忆这次的光景，他说，那是他一生中最美妙的日子之一，是生命中的一大高潮。朋友的失约教育了他，凡事要自己去做。

生活中最大的危险不在于别人，而在于自身；不在于自己没有想法，而在于总是依赖别人。

一个人，活着就必须要活出自我，就要学会支配自己的大脑，就要有自己的主张，这样才能维持一个人的格调。总之，我们一定要有自己的想法，有自己的原则，当你认为自己的观点正确的时候，就没必要为了讨好别人而迎合别人，也没必要因为害怕得罪人而对别人的要求来者不拒。

一个有从众心理的人是很容易人云亦云的，这种心理足以抹杀一个人前进的雄心和勇气，足以阻止自己用努力去换取成功。它还会让我们跟随他人的脚步而且只能停在别人的身后，以致一生都碌碌无为。因此，如果你想获得成功，那么，从现在起，无论遇到什么，你都要学会独立思考，不要人云亦云。

第10章
坚持投资自己，让自己变得优秀

生活中，我们决定不了自己的初始运气，但可以通过自己的努力改善自己的初始运气，那就是让自己更优秀。可以说，世上投资千千万，但唯有投资自己才能有最大的获利，坚持投资自己，让自己变得更优秀。

谦和有礼，向优秀者看齐

孔子的《论语·述而》中记载：“子曰：‘三人行，必有我师焉；择其善者而从之，其不善者而改之。’”这句话的意思是说：孔子说，“别人之中，肯定有人能当我的老师。选择他们身上的闪光点学习，反省自己身上有没有和他们一样的缺点。如果有，则一定要加以改正。”其实，孔子是在告诉我们一定要虚心学习，学习其他人的优点，以他人为镜，改正自己的缺点。只有具备谦虚好学的精神，我们才能更加完善自己。

尽管人人都知道“三人行，必有我师焉”这句话，真正能够做到的人却很少。人性是有弱点的，大多数人都会不自觉地放大自己的优点，忽视自己的缺点，而放大别人的缺点，忽视别人的优点。如此一来，我们想要像孔子说的那样“择其善者而从之，其不善者而改之”就有了障碍。由此可见，要想向别人学习，我们首先要调整好自己的心态，才能看到别人的优点。常言道，骄傲使人退步，虚心使人进步，骄傲的人往往非常自满，无视别人的优点，只觉得自己才是最优秀的。虚心的人能够发现别人的优点，认识自己的不足，常常改正自身，所以进步也就是理所当然的。

在生活中，一个人的力量非常有限，即使博闻广记，也不可能掌握所有的知识。因此，我们应该学会借助于别人的力量帮助自己。现代职场，大多数以团队作战，所以，我们在虚心好学的同时，还应该放低自己，与他人合作。即使别人的某些方面不如你，你也不必表现出居高临下的自满状态，因为对方一定有某些方面是值得你学习的。如果没有团队精神，缺乏团队合作意识，你将渐渐变得寸步难行。在团队中，要想取得成功，个人英雄主义绝对要不得，必须与每一个团队成员精诚合作，才能取得进步。

唐代著名书法家柳公权，少年时就写得一手好字，经常博得长辈和老师的夸赞，日久天长，他渐渐骄傲起来。一天，他和几个小伙伴在路旁的小亭子练字。伙伴们看到柳公权一气呵成地写成了一副好字，不由得啧啧赞叹。柳公权非常得意，不由得夸口道："这对我来说简直是小菜一碟。你们等着瞧，我再练几年，一定能够成为天下第一。"

柳公权话音刚刚落下，一位路过的老者就走了过来，看完他的字，皱着眉头说："这字写得毫无风骨，软绵绵的，哪里值得夸赞？我知道，有个人虽然用脚写字，但是写得比这好多了。"

柳公权听老者这么说，不由得恼羞成怒，气愤地喊道："你骗人，怎么可能有人写得比我还好呢，况且还是用脚！你在撒谎！”

老者不以为然地笑了笑，说：“如果不信，你可以去华京城亲自看看。”

次日清晨，柳公权出发去了华京城。刚刚走进华京城，他就看到很多人围在路旁的大树下。他也好奇地挤进人群，看到一个失去双臂的老人正在靠着树干，用脚写字。只见他用左脚把纸铺平压好，用右脚夹着毛笔，每一个字都写得龙飞凤舞，苍劲有力。围观的人发出阵阵喝彩声，老人气定神闲。柳公权发现，和老人的字比起来，自己的字果然不值一提。羞愧之余，他走到老人面前跪了下来，说：“老人家，我想拜您为师，学习写字。”

老人把脚上的笔放下来，谦逊地对柳公权说：“我孤苦伶仃，无依无靠，只是靠着这双脚写字，聊以为生。我怎么能当你的老师呢？”柳公权跪在地上不愿意起来，坚持要拜老人为师。无奈之下，老人写了几个字送给柳公权：“用完八缸水，砚染涝池黑；博取百家长，才能龙凤飞。”

柳公权牢牢记住老人的话，回家之后勤奋苦练，最终成为了著名的书法家。

我们也应该向柳公权学习，戒骄戒躁，虚心向别人学习。很多时候，因为主观的局限，我们无法看到自己的缺点。当别人为我们指出不足的时候，我们一定要虚心接受，及时改正。遇到某些方面比我们优秀的人，我们也要不耻下问，这样一来，我们就能够采各家之所长，补一己之短，以最快的速度成长。

人的一生之中，有很多学习的机会。大学毕业后，虽然从校园里走了出来，然而，社会上有更多的人可以当我们的老师。如果新进一家公司，向前辈学习更是必须的。很多时候，校园里学习的知识只是理论知识，真正的实践出真知，是在我们走上工作岗位以后。只有虚心向优秀的人学习，我们才能变得更优秀。

成功，就是每天进步一小步

每个人都曾仰望成功，即使是活在最底层的人，也有对成功的向往。成功，是人心之所向，然而，成功虽然光彩夺目，人向往之，但在生活中真正获得成功的人少之又少。究其原因，成功需要天时地利人和，还需要持之以恒的努力和千载难逢的机遇。人们常说十年修得同船渡，百年修得共枕眠。和成功之间的机缘，真是不知道要修多少寒来暑往啊！其实，成功并没有我们想象得那么难。很多人看名人传记，就会发现成功实际上就是抓住机遇，不断努力。那些名人的成功也并没有处心积虑，大多数都是坚持付出和努力，然后抓住机遇。也许有人会抱怨自己生不逢时，甚至恨自己为什么不生在乱世，那样就可以和陈胜吴广一样揭竿起义，最起码能青史留名。和平年代难道不是更加有利于成功吗？和平年代，太平盛世，我们的生活水平和科学技术的发展水平都达到了前所未有的高度。在这样的环境中，我们可以安心学习，提升自己的能力，让自己获得长足的发展。

古人云，人心不足蛇吞象，没有人的成功是一蹴而就的。每个人的成功都付出了长期的努力，都经历过常人难以想象的困难，都曾经为此付出了巨大的代价，你的成功也不会例外。重要的是，成功的路很漫长，你是否能够坚持下去。成功之路就像一场马拉松比赛，坚持到底的人们跑完全程，体力不支的人们在半途甚至是刚刚开始的时候就被淘汰了。那么，在成功之路上，你是要成为那个坚持到底的人，还是成为那个半途而废的人？这一切都取决于你自身。曾经有人采访一个马拉松冠军，问他是如何获得冠军的。那个冠军回答的方法很简单，即目标分解法。每次跑马拉松之前，他都会提前熟悉赛程，然后每隔一段路程就设定一个标志物。如此一来，他就把漫长的赛程分解成为若干个赛段。他朝着第一个目标物奔跑，到达之后，马上再朝着第二个目标物跑去。如此一来，他始终在以百米冲刺的速度奔跑在马拉松的赛道上。成功的路太漫长，还会遇到各种不可预知的阻碍和困难，要想顺利跑完全程，我们也要采取这样的方式。我们可以把每一次小小的进步都当成是一次成功，鼓舞自己再接再厉，再攀高峰。其实，看似高高在上的成功就是由一个个小小的成功和进步堆砌而成的。要想最终获得成功，我们就不能心急，必须耐住性子，一步一个脚印地向上攀登。

他出生在匈牙利一个普通的人家，父亲是做木材生意的。有一段时间，他被人们称为“榆木疙瘩”，因为他呆呆傻傻的，显得非常笨拙。在人们鄙夷的目光中，他终于长到了12岁，在这一年，他做了一个奇怪的梦。在梦里，国王亲自把奖杯颁发给他，原来，他写的文章在梦里被大名鼎鼎的诺贝尔看中了。刚刚醒来，他就迫不及待地想要找人分享这个美梦，然而，他忘不了人们眼睛里的蔑视、瞧不起。思来想去，他不想面对人们的冷嘲热讽，因此决定只把这个梦告诉亲爱的妈妈。

妈妈听了他的梦，说：“如果你真的梦到这些，那么你长大以后一定会与众不同。你知道吗，上帝之所以把这么美好的梦放进你的心里，就是因为他选中了你，想要帮你完成梦想。”

从此之后，男孩的心里真的住进了一个梦，那就是成为获得诺贝尔认可的作家。他废寝忘食地写啊写啊，一直在等着上帝降临凡间，帮助住他完成梦想。他始终坚信：“只要我经受住苦难的考验，上帝一定不会辜负我的！”一个又一个三年过去了，他始终伏案疾书。他没有等来上帝，却等来了法西斯，作为犹太人，他被关进了监狱里——人间的地狱。在那恶劣的环境里，他依然信念坚定，所以才能存活下来。

1965年，他完成了生平第一本小说，名为《无法选择的命运》。1975年，他完成了生平第二本小说，名为《退稿》。从此之后，他一发不可收，居然写出了诸多作品。如今，他已经不再关心上帝是否还记得对他的许诺。此时，瑞典皇家文学院宣布他获得了2002年的诺贝尔文学奖，他，就是匈牙利作家凯尔泰斯·伊姆雷。得知自己获得诺贝尔文学奖的时候，他震惊不已。面对荣誉，他淡淡地说："没有什么可说的，我只是坚持做了自己喜欢做的事情而已。如果你也这么做了，上帝就会助你一臂之力。"

在从12岁做梦之后的漫长时间里，凯尔泰斯·伊姆雷始终在努力。即便他日思夜盼也并没有盼来上帝的眷顾，只却盼来了残忍的希特勒，但他没有放弃自己的梦想。正如他说的，"只要坚持做自己喜欢的事情，上帝也会助你一臂之力"。最难的不是你必须多么有才华，多么光芒乍现，而是你虽然知道自己很笨，每天只能前进那么微不足道的一小步，但是你始终坚持努力不放弃。唯有这样的精神，才能帮助你赢得成功。

成功，就是每天前进一小步，我们无须和高高在上的成功者比，我们只需要和昨天的自己比。每个人对于成功都有自己的定义，我们无须仰慕别人的成功，只要向着自己的成功努力就好。即使你的成功在他人眼中微不足道，它也依然能让你超越自我。

在这个世界上，每个人的成功都付出了长期的努力和坚持，没有人的成功是一蹴而就、不劳而获的。我们无须羡慕别人的成功，每个人人生的轨迹都完全不同，我们只需要做最好的自己就行。成功，就是一小步又一小步的积累，没有这些点点滴滴的进步，成功也就无从谈起。即使全世界都鄙视你，你也要坚定不移地相信自己：我能行！

翻越山峰，一路向上

人生的路从来不是一帆风顺的，更不会保持水平。如果你曾有过走夜路的经验，你就会对那种深一脚浅一脚的体验留下印象。没错，很多时候人生就像是走夜路，时不时地高一脚低一脚，甚至不小心还会踉跄一下。这是因为人生的路永远不平，我们遇到的困难和坎坷，就像是一个个深浅不一的坑，我们遇到的挫折和阻碍，就像是一个个小土丘。我们要想奔向自己的目标，实现自己的梦想，就必须跨过深坑，翻越土丘，一路向前。

在这个拼爹的年代，也许有些人会说，我没有有钱有势的爸爸，也没有神通广大的妈妈，我的起点很低，不管怎么努力都会远远地落在他人后面。千万不要这么想，不管你是在金字塔的底部还是在金字塔的顶部，虽然你与他人的起点不同，但是后天的努力一定能够让你奋起直追，最终改变自己的命运。要知道，在这个世界上没有人能打倒你，除了你自己，既然如此，我们还有什么理由放弃呢？

作为德国著名的音乐家，贝多芬在音乐上的造诣举世闻名。不过，贝多芬的童年生活并不幸福。他出生在一个非常贫穷的家庭，他的父亲曾经是一名歌剧演员，不但嗜酒如命，而且脾气暴躁，动不动就对贝多芬非打即骂。为了逼迫贝多芬在音乐的道路上有所造诣，父亲还会使用粗暴的手段逼迫贝多芬练习乐器。在贝多芬稚嫩的心灵里，这些悲惨的遭遇和经历是他永远的伤痛。渐渐地，贝多芬的性格也扭曲了，他很古怪，也像父亲一样暴躁。十六岁就失去母亲的他总是孤身一人，独自面对整个世界。然而，正当贝多芬在音乐的道路上越走越远时，厄运降临了。贝多芬的听力渐渐减弱，直到最后，他的耳朵彻底失聪了。对于一个热爱音乐的人而言，这样的打击是致命的。与此同时，贝多芬身体的其他器官也出现了问题，陆陆续续地，他总是生病。即便如此，他也从未放弃对音乐的追求。他始终牢记着自己的方向和目标，最终为人类留下了宝贵的艺术瑰宝。

在中国古代社会，人们尊称那些贤能的领袖为“王”。舜，一直以来都被尊称为“圣王”，可见人们对他的尊敬和爱戴。舜出生在一个贫寒的家庭里，尽管他的祖先是帝颛顼，但他的先辈们早就已经沦为平民百姓了。到了舜这一代，他早早就失去了母亲，父亲又是瞽叟，因而生活更加艰难。在舜的母亲去世没多久，瞽叟就续娶了妻子，还生了个儿子象。这一家人里，父亲心术不正，继母为人嚣张，弟弟象更是冥顽不化，他们全都想把舜害死。即便如此，舜依然孝顺父母，友爱弟弟，从未对家人有过丝毫的不尊重或者懈怠。他一边侍奉父母，一边防备着被他们加害。一旦感受到危险的临近，他就会马上逃之夭夭。等到父母对他的心意稍微有些缓和之后，他又会回到家里，继续尽孝道。

后来，尧了解了舜的为人品质，因而决定把女儿嫁给舜。得知此事后，象眼红不已，决定杀死舜，将他的妻子据为己有。尽管象得到了母亲的支持，最终却没有成功。后来，舜知道了这件事情，却没有记恨象，而是依然对其动之以情，晓之以理。最后，尧把王位传给了舜，舜勤政爱民，成为了一代受人敬仰的圣王。

贝多芬的起点很低，虽然他的父亲是一名歌剧演员，他的家也算得上是音乐世家，但是贝多芬非但没有受到音乐的熏陶，反而经常被酗酒的父亲恐吓殴打，尝尽家庭暴力，后来，贝多芬的命运更加凄惨，居然失去了听力。不过这些致命的打击都没有使他倒下，他最终创作出了流传于世的好作曲，为世界的艺术宝库留下了瑰宝。在第二个事例中，舜的经历更加曲折。他从小失去母亲，被父亲继母和弟弟几次三番地加害，心中却从不抱怨。最终，他的品行得到了尧的赏识，他也继承了尧的王位，成为了一代明君。可以说，这两个不同年代和国家的伟人，都是从人生的低谷中崛起的。如果贝多芬被命运击倒，从此沉沦，那么世界的音乐宝库中一定会少了几分色彩。舜呢，作为炎黄子孙的领袖人物，也给后代留下了宝贵的精神财富和千古传唱的佳话。

人生，不管从哪里起步，也不管是处于波峰还是波谷，只要我们认准前进的方向，就一定能够改变命运。很多人因为起点低，就自暴自弃，最终只会让自己的命运更加悲惨。大凡成功人士，都是能够从低谷处勇敢攀升的人。民间有句俗话，叫人往高处走，水往低处流，就算你的起点很高，如果一直往低处流，最终也是会被命运淘汰的。相反，假如你的起点低，但是你从来不自暴自弃，总是一路向上，那么你就能够超越自己，最终获得梦想中的成功。

保存实力，适时展示自己

喜欢打牌的人都知道，底牌是不能轻易亮出来的。因为底牌作为撒手锏，往往会在最后一刻为我们扭转局势。因此，每当抓到好牌，我们都会紧紧捂着，尽量避免被他人看到。其实，人生也恰如打牌，牌局打得如何也取决于我们有多少底牌、拥有怎样的底牌。

从心理学的角度来说，人们总是畏惧未知，因而，如果我们不知道他人的底牌，也就不敢轻易地与他人竞争。只有在了解对方实力的情况下，我们才能做到知己知彼，百战不殆。从这个方面来说，在竞争日益激烈的现代社会，你要是想在竞争中脱颖而出，就必须保存实力。可以说，你拥有的底牌，决定了你在人生路上能走多远，也决定了你的前程。

不过，需要注意的是，为了在竞争中脱颖而出，我们还是需要适时亮出自己的实力的，诸如才华、优势等等。但是不能和盘托出，因为如果你在竞争中变成了透明人，就会被他人把握，从而令其牵制你，甚至找到你的致命弱点。这样一来，你当然就会在竞争中占据弱势了，唯有适当地展示自己，再保存实力，握住底牌，我们才能见机行事，占据优势。

从进入公司之后，若男和露露在工作上的表现都差不多。如今，恰逢她们的主管得到晋升，所以上司想考察她们，以便从她们之中提拔一个人当主管。但是，上司更倾向于提拔业绩更占据优势的若男，而且若男平日里和同事们相处得很和谐。得知这个消息后，若男觉得只要一如既往做好自己的本职工作即可，露露却马上展开了行动，主动请缨，向上司申请负责一个大项目。原本，上司还很迟疑，但是露露再三向领导保证，说自己一定能够把这个项目做好了，就这样，上司半信半疑地把项目交给了露露。

接到项目后，露露马上全身心投入工作，而且发动自己各个方面的关系，把项目做得风生水起，甚至完全超乎上司的预料。从此之后，上司对露露的工作表现有了更加深刻的认识，对露露的态度也发生了大转弯。毫无意外，上司最终决定提升露露为部门主管，因为他觉得露露更具备当主管的潜力，而且能在重任前表现出举重若轻的能力，有大将风范。

原本在上司心目中更占据优势的若男，因为在此之前就亮出了所有的底牌，因而在关键时刻后进乏力，被露露厚积薄发抢了势头。因此，上司毫无疑问地把优势给了露露，并且给予了露露更高的评价。在这种情况下，露露根本无须费多少力气，就轻而易举地改变了上司对她的看法，从而顺利地得到了晋升的机会。

从露露成功晋升的事例中，我们不难看出，在职场上保持神秘感，握有底牌，还是很有必要的。首先，我们一定不能被对手完全看透，否则对方就会吃透我们，从而轻而易举地战胜我们。其次，我们还要在上司面前保持神秘感，留有一些撒手锏，等到关键时刻再使出来，给予上司一个惊喜，从而给他留下深刻的印象。最后，我们还要把握亮出底牌的好机会，如果我们把握着底牌，却没有在关键时刻及时使出来，那么我们的底牌就失去了战斗力，变得平淡无奇。总而言之，好钢要用在刀刃上，底牌的亮相，既不能太早，也不能太迟。太早收不到震慑的效果，太迟又失去了战斗力。只有在最恰到好处的时刻让底牌亮相，才能出奇制胜，帮助我们一举获胜。

参考文献

[1]圣妖.不负时光不负你[M].青岛：青岛出版社，2016.

[2]祈莫昕.未来的你，会感谢现在勇敢的自己[M].南京：南京出版社，2016.

[3]沐木.努力到无能为力，拼搏到感动自己[M].北京：现代出版社，2016.

[4]一颗丸子.你不努力，谁也给不了你想要的生活[M].北京：中国致公出版社，2017.

[5]夏知凉.奇迹是努力的另一个名字[M].北京：北京理工大学出版社，2018.